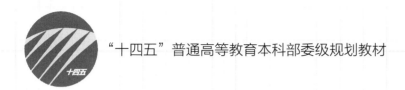

"十四五"普通高等教育本科部委级规划教材

成衣制作工艺
——男西服

U0162876

侯东昱　任红霞　王丽霞 ◎ 编著

中国纺织出版社有限公司

内 容 提 要

本书本着专业、实用的目的，对男西服制作的整个流程及制作技巧进行详细阐述，并注明其重点与难点，将理论知识与工业生产实践操作相结合，注重基本原理的讲解，分析透彻，有很强的理论性、系统性和实用性。

本书配以高清实物制作图片，图文并茂、通俗易懂，制图采用CorelDRAW软件，绘图清晰，标注准确，让读者一目了然地掌握各道工艺的操作方法。本书适合作为高等院校服装专业的教材，也可以作为相关从业者的参考用书。

图书在版编目（CIP）数据

成衣制作工艺：男西服 / 侯东昱，任红霞，王丽霞编著 ． -- 北京：中国纺织出版社有限公司，2022.11
"十四五"普通高等教育本科部委级规划教材
ISBN 978-7-5180-9845-3

Ⅰ.①成…　Ⅱ.①侯…②任…③王…　Ⅲ.①男服—西服—生产工艺—高等学校—教材　Ⅳ.① TS941.718

中国版本图书馆 CIP 数据核字（2022）第 172254 号

责任编辑：宗　静　施　琦　　特约编辑：刘晓娟
责任校对：寇晨晨　　责任印制：王艳丽

中国纺织出版社有限公司出版发行
地址：北京市朝阳区百子湾东里A407号楼　邮政编码：100124
销售电话：010 — 67004422　传真：010 — 87155801
http：//www.c-textilep.com
中国纺织出版社天猫旗舰店
官方微博http：//weibo.com/2119887771
三河市宏盛印务有限公司印刷　各地新华书店经销
2022年11月第1版第1次印刷
开本：787×1092　1/16　印张：11.25
字数：210千字　定价：59.80元

凡购本书，如有缺页、倒页、脱页，由本社图书营销中心调换

前言

成衣制作是现代服装工程的三大组成部分之一，是服装设计、服装结构研究的延伸，更是奠定服装从业者职业生涯的专业基础知识，在服装知识及能力构成框架中占有举足轻重的地位。《成衣制作工艺——男西服》是编者凭借大量实践积累和多年授课经验，结合服装高等职业教育授课模式，兼顾基础工业化生产和个性化制作的需求而编写，操作性极强。

本书详细讲述了男西服生产工艺的整个流程，系统地阐述了服装工业生产的生产准备、样板制作、裁剪工艺、缝制工艺与原理、熨烫定型工艺和后期整理等内容。本书在编写过程中与际华三五零二职业装有限公司合作，结合一流设备及制作工艺，以实例图片介绍了男西服制作流程，内容丰富，重点突出，让初学者一目了然，同时，又注重系统性和科学性，重视学生实际能力的培养。

本教材由侯东昱、任红霞、王丽霞主编，负责整体的组织、编写和校对，张春霞、毕锦培、刘长琦参与了此书的实物制作部分。

在编著本书的过程中参阅了部分国内外文献资料，在此向文献编著者表示由衷的谢意。

书中难免有不妥之处，恳请专家同行和广大师生给予指正。

编著者
2022年1月

教学内容及课时安排

章 / 课时	课程性质 / 课时	节	课程内容
第一章 （6课时）	基础理论 （12课时）		**·男西服概述**
		一	男西服基本概况
		二	男体测量
		三	西服部位线条名称
第二章 （6课时）			**·服装生产准备**
		一	西服材料选择
		二	服装材料的配用原则
第三章 （18课时）	基础理论与应用实操 （114课时）		**·男西服样板制作**
		一	男西服结构制图
		二	男西服纸样制作
		三	男西服工业制板
第四章 （6课时）			**·男西服排料与裁剪工艺**
		一	排料划样
		二	铺料
		三	裁剪
第五章 （84课时）			**·男西服缝制工艺**
		一	缝制步骤和方法
		二	男装规格
第六章 （6课时）			**·成衣后期整理**
		一	后整理
		二	包装
		三	储运

注　各院校可根据自身教学特色和教学计划对课程时数进行调整。

目录

基础理论——

男西服概述

课题名称：男西服概述

课题内容：1. 男西服基本概况

2. 男体测量

3. 西服部位线条名称

课题时间：6课时

教学目的：掌握人体的各部位测量方法

教学方式：讲授与实践相结合

教学要求：1. 能对男性人体进行正确测量

2. 能根据男性体型特点和人体测量数据进行西服规格设计

3. 根据男西服款式的要求，能对特殊体型进行正确测量

课前（后）准备：人体测高仪、软卷尺、人体记录单、笔

第一章　男西服概述

第一节　男西服基本概况

一、男西服的产生及发展

西服也称西装、洋装，最早是西欧渔民的服装，为了捕鱼方便，所以他们的服装扣子少、敞领。随着社会的不断发展，西服的款式造型基本固定下来，于清末民初传入中国。

西服以其笔挺的形态、流畅的线条、大方的造型赢得了人们的青睐。目前在世界各地，西装已成为男士必备的国际性服装。西装通过合理地搭配，能适应人们在正式和非正式场合的不同需求。在正式场合可以与西裤组成两件套或者与西裤、马甲组成三件套；在日常则可以搭配较为随意的休闲裤和牛仔裤等。

19世纪50年代，西装并无固定式样，款式造型有的收腰，有的呈直筒型，有的左胸开袋，有的无袋。到了19世纪90年代西装基本定型，并广泛流传于世界各国。

20世纪40年代，男西服的特点是宽腰小下摆，肩部略平阔，胸部饱满，领子翻出偏大，袖口较小，较明显地夸张男性挺拔的线条美和阳刚之气。

20世纪50年代，男西服趋向自然洒脱，但变化不是很明显。

20世纪60年代，男西服普遍采用斜肩、宽腰身和窄下摆。男西服的领子和驳头都很小，此时期的男西服具有简洁而轻快的风格。

20世纪70年代，男西服又恢复到40年代以前的基本形态，即平肩收腰。在20世纪70年代末期至80年代初期西装又有了一些变化，主要表现为男西服腰部较宽松，领子和驳头大小适中，裤子为直筒型，造型自然匀称。这些服装的造型古朴典雅并带有浪漫的色彩。

二、男西服的款式分类及细节变化

（一）男西服的款式分类

西服款式很多，造型也会随着流行不断变化，但归纳起来，大致可分为两大类。

1. 平驳领单排扣西服

平驳领单排扣西服，有一粒扣、两粒扣以及多粒扣之分。款式特点为平驳头，圆角下摆，左胸部有手巾袋，腰部有嵌袋或者加袋盖，袖衩部位有三粒扣作装饰，如图1-1所示。

图 1-1　平驳领单排扣西服

2.戗驳领双排扣西服

戗驳领双排扣西服与单排扣西服相似，只是门襟采用双排扣，领子为戗驳头，下摆为直角，如图1-2所示。

图 1-2　戗驳领双排扣西服

（二）男西服的细节变化

从整体上讲，西服虽然是经典的造型，但是它还是存在着流行趋势，主要表现在以下几个方面。

1.领型的变化

西服领型的变化表现为不同的翻领形状、驳头的宽窄和形状，以及翻领与驳头比例关系的相互配合，如图1-3所示。领子是西服造型变化最活跃的部位之一，它受流行趋势的影响比较大。

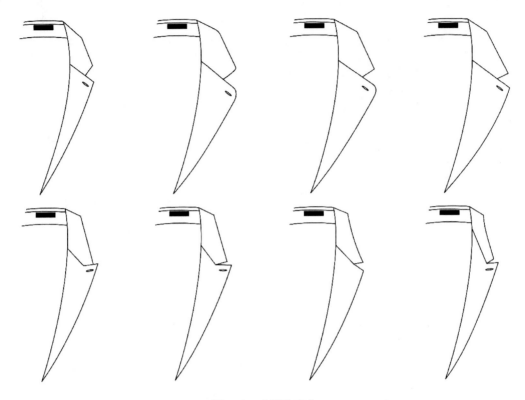

图1-3　衣领的变化

2.肩部的变化

西服的肩部变化受流行趋势的影响较大，主要有以下几种，如图1-4所示。

（1）自然肩型：肩型不夸张，呈自然状态，这种肩型的西服适合大多数人穿着。

（2）垂肩型：整个肩头略呈圆形，肩线下垂，穿起来给人大方的感觉。

（3）方肩型：肩线略微上翘，风格较为柔和。

（4）翘肩型：肩头上翘，这种肩型的西服适合溜肩的人穿着。

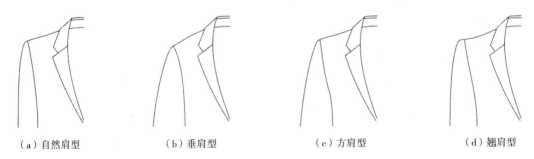

（a）自然肩型　　　　　　（b）垂肩型　　　　　　　（c）方肩型　　　　　　　（d）翘肩型

图1-4　肩部变化

3.下摆的变化

西服的下摆样式的变化主要有两种：圆角下摆和方角下摆，如图1-5所示。

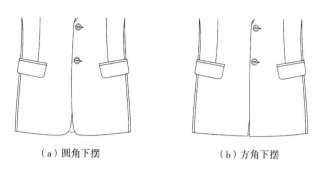

（a）圆角下摆　　　　　　　（b）方角下摆

图 1-5　下摆变化

4. 开衩的变化

西服中开衩的出现，最初是考虑到运动的方便，而现在作为西服的固定形式保留下来，成为西服的象征之一。开衩有后开衩、侧开衩、无开衩、明开衩四种形式，如图1-6所示。

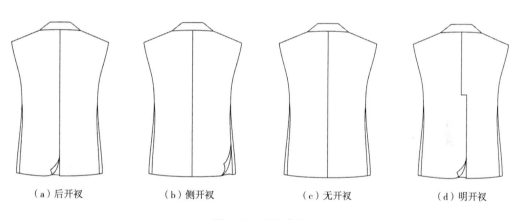

（a）后开衩　　　　（b）侧开衩　　　　（c）无开衩　　　　（d）明开衩

图 1-6　开衩变化

三、西服穿着礼仪

（一）西服穿着礼仪

穿着西服时应摘除袖口的商标，西服上衣袖子应比衬衫袖短1~3cm，西服的上衣、裤子口袋要平顺。穿着双排扣西装时纽扣要全部扣上；穿单排两粒扣西装时，扣上面一颗或全部不扣，穿单排三粒扣西装时，扣中间一颗或全部不扣；穿单排四粒扣西装时，扣中间两颗。

（二）领带佩戴礼仪

佩戴领带时，要求领带的颜色要与西服颜色搭配；一般领带长度应是领带尖盖住皮带扣；领带夹的位置放在衬衫从上往下数的第四粒纽扣处，西服扣上纽扣后应看不到领带夹。

（三）衬衫穿戴礼仪

与西服搭配穿着的衬衫领子不能太大，佩戴领带要扣好衬衫扣，领与颈部之间不能存在空隙；衬衫的下摆要塞入裤子里；着装后衬衫领要比外衣领高出2cm左右（从后中心测量）；衬衫袖口比西服袖口要长2cm左右；马甲的前身长度以不暴露腰带为宜。

（四）西裤穿着礼仪

标准的西裤长度为裤脚口盖住皮鞋，穿着时手不能插在裤袋内。皮鞋和鞋带、袜子颜色应协调，袜子的颜色应比西裤深。

（五）西服与配饰的颜色搭配

在颜色的使用上，除礼服及配饰的特别规定外，还要掌握一定的搭配原则。以白色为主的浅色系衬衫，可采用以下搭配：

（1）可以选择任何颜色的西服。

（2）领带的颜色可选择与西服在同色系而偏鲜亮的色彩，装饰巾和领带的颜色相同。

（3）领带与西服使用对比色时，领带颜色应降低纯度。

（4）灰色系领带高雅、华丽、庄重，几乎适合与所有颜色的西服搭配。

（5）高纯度、高明度等极色间的搭配组合，多用在娱乐场合，如运动队服、参加聚会的服装等。

另外，黑色或深色衬衣和浅色西服领带的搭配要慎用，因为这种搭配是一种不讲究或是一种癖好，采用这种装束往往是作为便装形式，衫衣也可以用T恤衫，如与休闲西装组合搭配。

第二节　男体测量

服装的设计与结构和人体是密不可分的，对人体的正确测量是服装设计及制作的基础。

一、测量要领

人体测量数据是服装设计及制作的基础，在测量时首先要仔细观察被测量者的体型特征，并记录说明。由于目前大部分情况是采用手工测量，为了减少误差，提高测量准确度，测量时可选取定点测量，在工业化服装生产设计和工艺要求中，需要测量几个重要的必备尺寸数据，其他部位所需数据均由标准化人体数据按照比例公式推算获得。因此，正确掌握各个部位尺寸的量取方法及要领对服装设计及制作非常重要。

（一）对被测量者的要求

在进行男性人体测量前，要求被测量人身着对体型无修正作用的适体内衣并在赤足的情况下进行。

进行人体测量时，被测体一般选择直立或静坐两种姿势。直立时，两腿并拢，两脚呈60°角分开，全身自然伸直，双肩不要用力，头放正，双眼正视前方，呼吸均匀，两臂自然下垂贴于身体两侧。静坐时，上身自然伸直与椅面垂直，小腿与地面垂直，上肢自然弯曲，两手平放在大腿上。

（二）对测量者的要求

测量前，测量者应仔细观察被测量者的体型特征，对特殊体型部位应增加量体内容，并详细记录，以便在服装规格及结构制图中进行相应的调整。

测量时，除要求有条不紊、迅速、正确地测量外，还要观察被测量者的体型特征。同时，需注意如在衬衫或成衣外面测量之前，要估算出它们的余量再进行测量。

（三）对尺寸测量的要求

量体的顺序一般是先横后竖，自上而下。测量时养成按顺序进行的习惯，这是有效避免一时疏忽而产生遗漏现象的方法。同时，测量数据均应采用净尺寸，即各尺寸的最小极限或基本尺寸，如胸围、腰围、臀围等围度测量都不加松量；袖长、裤长等长度原则上并非指实际成衣的长度，而是这些长度的基本尺寸，设计者可以依据内限尺寸进行设计（或加或减）。

在进行人体测量时，量体一定要到位，数据记录要准确，若是特殊体型，应及时标注，否则在量体或裁剪过程中会导致尺寸出现误差，将直接导致肩宽、腰部、下摆部位不合体。

二、男体测量部位及方法

（一）测量部位

量体是指用皮尺测量人体有关部位的长度、宽度和围度的尺寸，作为服装制作的基础依据。在进行量体前应对男性体型有基本了解，男性胸部形态较为扁圆，背部肌肉浑厚，所以前、后浮余量不同于女装，从肩部至腰部呈倒梯形，腰部至臀部呈梯形，领围和肩斜度比女性大，上臂肌肉发达，手臂向前倾斜的程度也比女性大，腰节比女性长，肩宽比女性宽，这些是男性体型的特征。在了解男性体型基础后，制作男西服时，需要对男性进行以下部位的尺寸测量：全肩宽、水平肩宽、胸围、腰围、臀围、前胸宽、后背宽、后背长、上衣长、袖长、手掌围、身高。

（二）各部位测量方法

1. 全肩宽

全肩宽是用皮尺从左肩端点经后颈点（第七颈椎点）量至右肩端点的宽度，如图1-7

所示。肩端点的位置从侧面看，在上臂宽的中央位置，比肩峰点稍微靠前，从正面看，在肩峰点稍靠外侧的位置。这个点是作为绱袖的基准点——袖山点的位置，也是决定肩宽和袖长的基点。全肩宽的尺寸是制作上衣时一个非常重要的参考依据，在服装原型的制图中，肩宽尺寸并没有涉及。

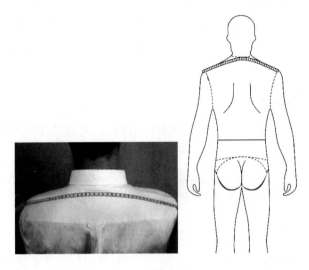

图 1-7　测量全肩宽

2. 水平肩宽

水平肩宽是指用皮尺自左肩峰点量至右肩峰点的宽度。水平肩宽是成衣制图中肩宽的主要参考尺寸依据，如图 1-8 所示。

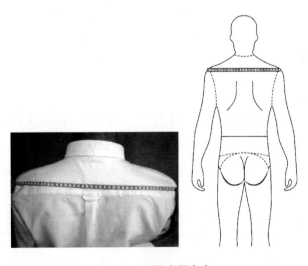

图 1-8　测量水平肩宽

3. 胸围

胸围是指在自然呼吸的状态下（不要刻意吸气和挺胸），经胸前腋下处水平过胸高点测量一周。由于胸部及后背肩胛骨的影响，测量时需控制好皮尺的放松量，以软尺平贴，插入一个手指捏住皮尺转动为宜，如图1-9所示。胸围尺寸是成衣设计（除弹性面料）胸部尺寸的最小值，需要说明的是：胸围尺寸的确定需要看着装的状态（是合体服装还是休闲服装），男西服其胸围加放量一般控制在18~24cm为宜，当内穿一件衬衫时加放18cm，内穿羊毛衫或毛衣时加放20~24cm。

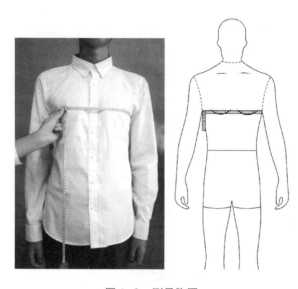

图1-9 测量胸围

4. 腰围

腰围是在腰部最细处用皮尺水平绕量一周，松紧适中，以软尺平贴，插入一个手指捏住皮尺转动为宜，如图1-10所示。通常标准身高（170cm左右）的人可以以腰部最凹处、

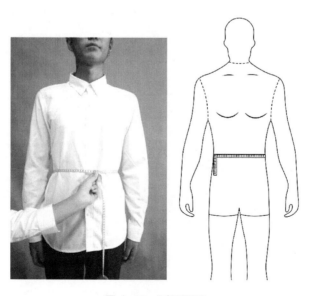

图1-10 测量腰围

肘关节与腰部重合点为测量点，用皮尺水平测量一周，测量时要求被测量者自然站立，呼吸保持平稳，不得故意收腰。腰围尺寸是西服制作的重要尺寸依据，是影响西服上衣是否合体的重要因素，男西服的腰围加放量一般控制在18~24cm。针对体型偏胖或有明显肚腩者，应测量腰部最丰满位置水平一周；体型偏瘦者，依旧测量腰部最细处水平一周即可。

5. 臀围

臀围是指在臀部最丰满处用皮尺水平测量一周，松紧程度以皮尺可以轻松转动为宜，如图1-11所示。男西服的臀围加放量一般控制在14~28cm。臀围尺寸的测量不仅是制作下装的重要依据，也是制作合体型套装上衣不可缺少的参考依据。

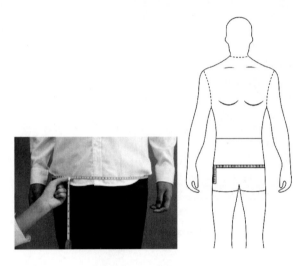

图1-11　测量臀围

6. 前胸宽

前胸宽是指用皮尺在前胸左右腋点之间的测量宽度，如图1-12所示。

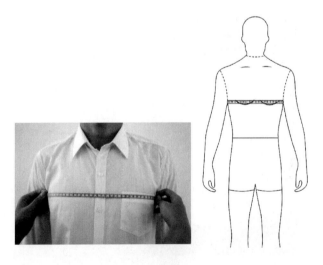

图1-12　测量前胸宽

7. 后背宽

后背宽是指用皮尺在背部左右腋点之间的测量宽度，如图1-13所示。

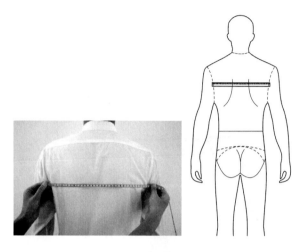

图 1-13 测量后背宽

8. 后背长

后背长是指从后颈点（第七颈椎点）向下量至后腰围中心点的长度。背长线从后颈点至腰围线间随背形测量，要适合于肩胛骨的外突，有一定的松量。测量后背长时要进行背部观察，如脖颈根部肌肉发育状态；背部是否驼背等。后背长在成衣设计中决定腰节线的位置。实际应用中，有时将测量值减掉0~4cm，以改善服装上下身的比例关系，使总体造型显得修长。一般规格表中的背长稍小也是根据这个原因进行的调整，如图1-14所示。

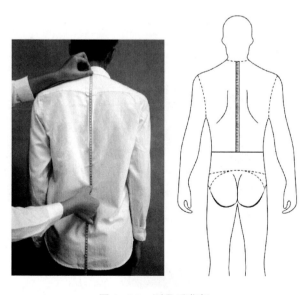

图 1-14 测量后背长

9. 上衣长

前衣长由肩颈点过胸高点垂直向下测量至所需长度为止，后衣长由领圈中点向下测量至衣服所需长度为止，如图1-15所示。通常衣长应过臀部，正面看衣长应该位于双手"虎口"与"大拇指顶端"之间，衣长约占颈部以下身体的 $\frac{1}{2}$ 长，特殊体型者除外（如上半身短、手长等）。

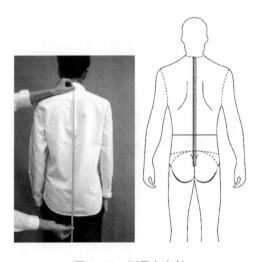

图1-15　测量上衣长

10. 袖长

袖长从肩端点往下量至腕关节的长度，这是基本袖长，如原型袖长，如图1-16所示。标准西服套装的袖长通常是在基本袖长的基础上加2~3cm，这是加放的垫肩量；普通西服套装袖长的位置习惯设于虎口上1.5~2cm的位置。

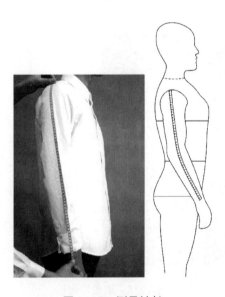

图1-16　测量袖长

11. 手掌围

手掌围是指先把拇指与手掌并拢，用皮尺绕掌部最丰满处水平测量一周，测量方法如图1-17所示。掌围尺寸是控制袖口、袋口宽度尺寸的依据，也是无开合袖口成衣设计时袖口尺寸的最小值。

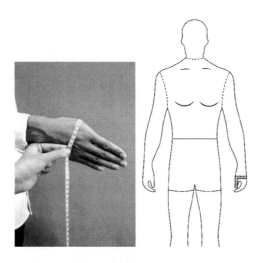

图 1-17　测量手掌围

12. 身高

测量身高时，被测者赤足立正站直，双手自然下垂，头顶点至地面的距离即为身高。它是设定服装号型规格的依据。身高若测量不准确，将直接导致衣长和袖长过长或过短。

三、特殊体型测量

人的体型特征因人而异，不但有高矮胖瘦之分，还有各部位的比例及特征也不尽相同，因此，在具体测量过程中，要仔细观察被测量者的体型特征，正面观察胸部、腰部、肩部；侧面观察背部、腹部；背面观察肩部、臀部。通过观察人体的特征，观看被测者是否存在：挺胸、驼背、腆腹、溜肩等特殊体型，并对其部位的特殊程度作出判断与估量，以便特体板的打制，从而制作更为合体的服装。

测量特殊体型时，主要运用经验判断与测量加推算相结合的方法，在测量常规体型基础之上，增加特殊部位的测量数据，所测得数据只作为结构制图的参考尺寸。

1. 驼背体

驼背体的体型特征是背部呈弓状，头部与颈部向前倾，胸相对平坦，背宽大于胸宽，后腰节长于前腰节，这两组数值相差越大说明驼背情况越明显。具体测量时应注意身长的测量，一般先测腰节长再测后背长。在服装制图时应考虑前后腰节差，决定后身应加放的长度，若处理不当会出现吊背的情况。

2. 挺胸体

挺胸体的体型特征与驼背体相反，挺胸体的特征是胸部丰满前凸，颈、头向后仰，背部相对板平，一般胸宽大于或等于背宽，前腰节长于后腰节。测量的部位及结构处理的方法与驼背相同。另外，要注意胸高点的位置，它将直接关系到前胸能否合体、平服。如制板时处理不当，易出现前摆起吊，前胸不平，后腰节处会有余量堆积的现象。

3. 腆腹体

腆腹体即"大肚体"，多为肥胖者，身体躯干上部向后倾，腹部前凸，此类体型特征中老年男性较多。具体测量时，对后身长尺寸与前身长尺寸进行对比做出凸腹程度的判断与相应的结构处理。

4. 溜肩体

溜肩体的体型特征是两肩端明显向下倾斜，呈"个"字型。溜肩者着正常体型的服装后，两肩部位会起斜褶，涌现止口等现象，在男西服的制作过程中，需要通过加垫肩或打肩斜来解决此问题。

5. 高低肩体

高低肩体是左右两肩高低不一，一肩正常，另一肩低落。高低肩体型穿上正常体型的服装低肩的下部出现皱褶。

6. 双肩耸肩体

耸肩体穿普通款式服装，会导致前胸出现倒八字斜缕，后领窝会出现多余松量，按溜肩的调节方法，在正常体型制图上缩减领部尺寸，调节的具体数据视情况而定。通过前后袖窿深线处的折叠，调整达到符合高低肩体型者的穿着要求。

第三节　西服部位线条名称

在服装结构纸样制图中，每一个部位的结构线和辅助线与相对应的人体部位都会有一个相对应的名称。"部位"这一概念可以理解为是服装的细部造型，例如上衣结构制图中的前后中心线、领窝弧线、肩线、袖窿弧线、侧缝线、下摆线、胸围线、腰围线，袖子结构制图中的肘线、袖山线、袖口线，裤子结构制图中的上裆线、下裆线、脚口线以及各种胸省、腰省等。

一、部位术语

1. 领窝

领窝是前、后衣身与领片缝合的部位。

2. 门襟和里襟

门襟在开扣眼一侧的衣身上；里襟在钉扣一侧的衣身上，门襟、里襟相对应。

3. 门襟止口

门襟止口指门襟的边沿。其形式有连止口与加贴边两种形式。一般加贴边的门襟止口较坚挺，牢度好。门襟止口上可以绲明线，也可以不绲。

4. 搭门
搭门指门襟、里襟需重叠的部位。不同款式的服装其搭门量不同，范围在1.7~8cm不等。一般来说，服装面料越厚重，使用的纽扣越大，则搭门尺寸越大。

5. 扣眼
扣眼是指纽扣的孔眼。扣眼排列形状一般有纵向排列与横向排列两种，纵向排列时扣眼处于叠门线上，横向排列时扣眼要在止口线一侧并超越叠门线0.3cm左右。

6. 驳头
驳头是指门襟、里襟上部随衣领一起向外翻折的部位。驳头分为平驳头（与领片的夹角成三角形缺口的方角驳头）和戗驳头（驳角向上形成尖角的驳头）。

7. 驳口
驳口是指驳头里侧与衣领的翻折部位的总称，是衡量驳领制作质量的重要部位。驳口线也叫翻折线。

8. 串口
串口是指领面与驳头面的缝合处。一般串口与领里和驳头的缝合线不在同一位置，串口线较斜。

9. 侧缝（摆缝）
侧缝是指缝合前、后衣片的缝子。

10. 下翻折点
下翻折点是指驳领下面在止口上的翻折位置，通常与第一粒纽扣位置对齐。

11. 单排扣
单排扣是指里襟上下方向钉一排纽扣。

12. 双排扣
双排扣是指门襟与里襟上下方向各钉一排纽扣。

13. 翻门襟
翻门襟也叫明门襟贴边，指外翻的门襟贴边。

14. 分割缝
分割缝是指为符合体型和造型需要，将衣身、袖身、裙身、裤身等部位进行分割形成的缝子。一般按方向和形状命名，如刀背缝；也有历史形成的专用名称，如公主缝。

二、部件名称

1. 衣身
衣身是合于人体躯干部位的服装部件，是服装的主要部件。

2. 衣领
衣领是合于人体颈部，起保护和装饰作用的部件。

3. 衣袖

衣袖是合于人体手臂的服装部件。一般指衣袖，有时也包括与衣袖相连的部分衣身。

4. 口袋

口袋是盛装物品的部件。

三、部位名称术语示意图

服装各部位名称术语示意图如图1-18所示。

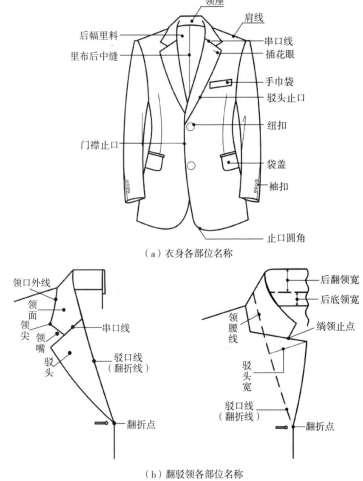

（a）衣身各部位名称

（b）翻驳领各部位名称

图 1-18　部位名称术语

 思考与练习

1. 简述男西服产生及发展过程中的变化特征。

2. 掌握制作男西装的人体测量方法。

基础理论——

服装生产准备

课题名称：服装生产准备

课题内容：1. 西服材料选择

2. 服装材料的配用原则

课题时间：6课时

教学目的：掌握不同款式风格男西服面料的选择

教学方式：讲授与实践相结合

教学要求：1. 能识别各种服装面料、辅料并要了解其特点

2. 能根据男西服的具体款式正确选择面料、辅料

3. 掌握面料的配伍原则

课前（后）准备：不同西服的面、辅料

第二章 服装生产准备

第一节 西服材料选择

现代社会生活节奏越来越快，新知识、新技术、新材料层出不穷，使人应接不暇。人们对服装的要求，不再仅局限于新颖得体的款式、美观大方的色彩，而是更讲究服装面料的材质、性能、人体穿着的舒适程度、与服装的匹配度等，服装材料的选择正确与否已成为塑造服装整体的关键。

服装材料不仅是决定服装优劣效果的关键元素之一，更是生产服装的基本条件，它主要包括面料、里料、辅料三大类。对于西服套装选料则更为严谨，以下主要以男西服套装上衣的面料选择为例进行分析。

一、西服常用面料及性能

西装的常用面料主要是毛型织物、棉型织物、部分丝织物以及化纤和其他混纺织物，不同种类面料直接制约服装的制作以及成衣效果。针对不同材质面料的造型特点以及适用服装风格进行如下介绍：

（一）毛织物

以羊毛或特种动物毛为原料和以羊毛与其他纤维混纺或交织的织物，统称为毛织物，又称呢绒。其中主要以羊毛织物为主，从广义角度讲，毛织物也包括纯化纤仿毛型织物。毛织物的具体服用特点主要包括以下五个方面：

第一，毛织物的光泽柔和、自然，手感柔软，比棉、麻、丝等其他天然纤维织物更有弹性，抗皱性能也更佳，熨烫后有较好的成型性和保型性，吸湿及透气性较好，穿着舒适，是公认的中高档面料。

第二，由于毛纤维天然卷曲、蓬松、导热性小，所以毛织物具有较好的保暖性能。

第三，毛织物易于上色，不易褪色。

第四，毛织物易被虫蛀，不易保存。

第五，毛织物的耐光性能较差，不宜暴晒，自然环境中的紫外线会对羊毛造成损伤。

一般来讲，毛织物按照商业习惯划分，主要分为精纺毛织物和粗纺毛织物两类。精纺毛织物所用原材料纤维较为细长，织物表面纹理清晰、光洁。粗纺毛织物是由毛纱织制而成，纤维在纱线中的排列不够整齐，结构稀松，织物表面多有绒毛。毛织物具体的分类及特点如下。

1. 精纺毛织物

精纺毛织物又称精纺呢绒，用精梳毛纱制成，所用原料纤维较长而细，梳理平直，在纱线中排列整齐，纱线结构紧密。精纺毛织物大多织纹清晰，色彩鲜明柔和，质地紧密，手感柔软、挺括而富有弹性。

（1）纯羊毛精纺织物（图2-1）：原料为100%羊毛，质地较薄，呢面光滑，纹路清晰，光泽自然柔和，手感柔软富有弹性。紧握呢料后松开，基本无褶皱，即使有轻微折痕也可在短时间内消失，是西服用料中的上等面料，通常用于制作春夏季西服。纯毛织物的面料缺点为容易起球，不耐磨损，易虫蛀，发霉。

（2）华达呢（图2-2）：又名轧别丁，是由精梳毛纱织制，纱支细，呢面整齐光洁，手感滑润，厚重而有弹性，纹路挺直饱满，具有一定防水性的紧密斜纹毛织物，但易产生极光，属于精纺高档服装面料。强调紧密、滑挺、结实耐穿的华达呢，一般用于制作男西服套装；而侧重柔软滑顺、悬垂适体、结构略松的华达呢，适用于做女外衣、制服、女裙。华达呢的颜色主要以素色为主，有藏青、咖啡色、灰色、米色等，随着人们审美跟随流行变化，色彩也逐渐丰富，融入多种流行色调。按织物组织分类，华达呢又可分为三种：

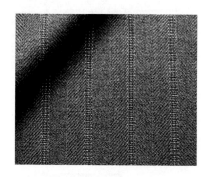

图2-1　纯羊毛精纺织物

图2-2　华达呢

①单面华达呢：正面斜纹向右倾斜，反面没有明显斜纹。质地顺滑柔软，悬垂适体，是上好的女装面料。

②双面华达呢：正反两面纹路均向右倾斜，但正面纹路更为清晰。质地较厚，制作服装廓型好，适用于制作礼服、西装、套装等。

③缎背华达呢：正面为右倾斜纹，反面为缎纹面，是华达呢中最厚重的品种，挺括保暖，适合做上衣和大衣面料。

由于华达呢在穿着过程中，经常摩擦的部位易产生极光，所以在熨烫时，也应避免直接熨烫织物正面，避免极光的出现。

（3）哔叽（图2-3）：用精梳毛纱织制的一种素色斜纹毛织物，斜纹角度右斜约45°角。呢面光洁平整，纹路清晰，质地较厚而软，紧密适中，悬垂性好，以藏青色和黑色为多，

图2-3　哔叽

属于中高档精纺服装面料。织物表面光泽柔和，有弹性，纱支条干均匀悬垂性较好。根据所采用面料规格的不同，哔叽可以分为厚哔叽、中厚哔叽、薄哔叽。与华达呢相比，哔叽纹路更为平坦，手感软，弹性好，但不及华达呢厚实、坚牢，用途同华达呢相似，适合制作西服、套装。

（4）啥味呢（图2-4）：又称春秋呢，是一种轻微绒面精纺毛织物，也是精纺毛纱织制的中厚型混色斜纹毛织物。啥味呢外观与哔叽相似，不同之处是哔叽以匹染为主，少量条染；而啥味呢是混色夹花织物，大多经过缩绒处理，呢面有均匀短小的绒毛覆盖。颜色以灰色、咖啡色等混色为主，也有米色、灰绿色、蓝灰色。主要分毛面、光面、混纺啥味呢三种，底纹隐约可见，手感不板不糙，糯而不烂，有身骨。啥味呢光泽自然柔和，呢面平整，表面有短细毛绒，毛感柔软，适用于制作春秋西装、套装、西裤、裙子等。

图 2-4　啥味呢

（5）凡立丁（图2-5）：又称薄花呢，是由精纺毛纱织制成的轻薄型平纹毛织物。面料织纹清晰，光洁平整，手感顺滑、挺括，有弹性，色泽多为匹染素色，鲜明匀净，少数为条格花型，颜色以中浅色为主，如浅米色、浅灰色，少有深色。凡立丁的透气性较好，适合制作春秋或夏季的男女上衣、西裤、衣裙等。

图 2-5　凡立丁

（6）贡呢（图2-6）：又称礼服呢，属中厚型缎纹毛织物。所用纱线细，织物密度大，织物纹路清晰，手感厚重、柔软，表面平滑，光泽明亮，富于弹性，穿着贴身舒适。贡呢面料多采用全毛、毛涤、毛黏等，多为匹染素色，以深色为主。其缺点主要为由于浮线较长，耐磨性不佳，易起毛。适用于制作西装、大衣、礼服及鞋帽等。

图 2-6　贡呢

（7）凉爽呢：涤毛混纺薄花呢，因其凉爽的特色得其名，又称"毛的确良（凉）"，具有爽、滑、挺、防皱、防缩、易洗快干等特点，逐步取代全毛或丝毛薄花呢。适用于制作男女套装、裤装等，不宜做冬季服装。

（8）花呢（图2-7）：是精纺呢绒织物的主要品种，是花式毛织物的统称，也是花色变化最多的精纺呢绒，更是制作女时装的重要面料。花呢多采用优质羊毛织制，也可用人造毛、腈纶、涤纶、麻等。呢面光洁平整，色泽匀称，弹性好，花型清晰，变化繁多，适用于制作男女各种外套、西服上装。

花呢种类繁多，按重量可分为薄花呢（≤195g/m²），中厚花呢（195g/m²~315g/m²）和厚花呢（≥315g/m²）；按原料可分为纯毛、毛混纺、纯化纤三类；按花型可分为素花呢 [图2-7（a）]、条花呢、格花呢 [图2-7（b）]、隐条隐格花呢 [图2-7（c）]、海力蒙花呢；按呢面风格可分为纹面花呢、绒面花呢、轻绒面花呢。

  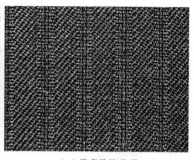

（a）素花呢　　　　　　　　　　　（b）格花呢　　　　　　　　　（c）隐条隐格花呢

图 2-7　花呢

2. 粗纺毛织物

粗纺毛织物又称粗纺呢绒、粗梳呢绒，多采用粗梳毛纱织制，纱线中纤维排列不齐，结构疏松，毛羽较多，多数产品需经过缩呢和起毛等工艺处理，因此，织物表面有绒毛覆盖，质地较厚，不露底纹或半露底纹，手感挺括，保暖性好。适用于制作各类秋冬外套和大衣。粗纺毛织物可以细分为以下几类：

（1）麦尔登（图2-8）：因产生于英国的麦尔登（Melton）而得名，是一种品质较高的粗纺毛织物。织物紧密，表面细洁平整，面料富有弹性，底纹上覆有绒毛，不露底纹，保暖、耐磨性较好，挺括不皱，同时具有抗水防风性。麦尔登多以匹染素色为主，有青色、黑色、红色、绿色等。适宜制作各种冬季套装、上装、长短大衣等。

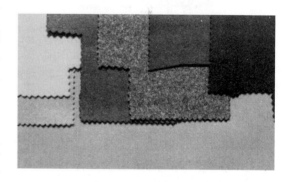

图 2-8　麦尔登

（2）海军呢（图2-9）：为海军制服呢的简称，又称细制服呢，是粗纺制服呢中品种最好的一种，因多用于制作海军制服而得名。其外观与麦尔登相似，织物底部

图 2-9　海军呢

覆盖绒毛，细节平整，质地紧密，弹性较好，手摸不板不糙，基本不露底，耐磨，不易起球，光泽自然。海军呢多为藏青色，也有军绿色、米色、驼色、灰色等。除多用于制作海军制服外，也可以制作普通制服、春秋外套等。

（3）制服呢：又称粗制服呢，属于粗纺呢绒中的大众化产品，包括全毛、毛/黏混纺、毛黏锦、腈纺黏粗纺毛织物，在粗纺呢绒中占有重要地位，但品质较低。呢面表面较为粗糙，色泽较弱，手感不够柔和，耐磨但易露底，原料及品质不及海军呢，价格也相对较为低廉。制服呢主要以藏青、黑色为主。适用于制作秋冬制服、外套、夹克衫以及各类劳保服装。

（4）法兰绒（图2-10）：最早源于英国，国内一般是指混色粗梳毛纱织制的具有夹花风格的粗纺毛织物，属于中高档混色粗纺毛织物。织物的呢面绒毛细洁，混色均匀，一般不露或稍露底纹，手感柔软有弹性，保暖性好，穿着舒适。面料色泽素雅大方，以素色为主，如浅灰、中灰、深灰以及条纹、格子型等。适用于制作春、秋、冬季各式男女西装、大衣、西裤等，较为轻薄型的法兰绒还可以制作衬衫、裙子等。

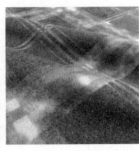

图 2-10　法兰绒

（5）粗花呢（图2-11）：又称粗纺花呢，是粗纺呢绒中最具有特色的品种。原料以中低档羊毛为主，混入少量精纺短毛或黏胶纤维，部分产品采用棉纱、化纤长丝、涤纶、腈纶短纤维。粗花呢的花色品种新颖，光泽较好，手感柔软，保暖及弹性较好，穿着美观舒适。粗花呢按外观特点可分为纹样、呢面、绒面三种风格。粗花呢适用于制作春、秋、冬季上装、裙子等，特别是中低档的产品，物美价廉，受到很多消费者的青睐。钢花呢和海力斯是粗花呢的两种传统产品，织物特征也较为典型。钢花呢又称火姆司本，多采用平纹

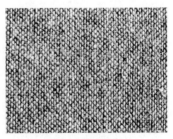

（a）海力斯粗花呢　　　　　（b）钢花呢产品

图 2-11　粗花呢

或山形斜纹，结构粗松，质地较好，织物表面除一般花纹外，还均匀分布着红、黄、蓝、绿等彩点，似钢花四溅，钢花呢制作男女西装的效果更是别具一格。

（二）棉织物

棉织物俗称棉布，是以棉纤维为原料织制而成的机织物总称。棉织物的手感好、穿着舒适，柔软暖和，经济实惠，深受大众喜爱。棉织物的服用性能主要包括以下五方面：

第一，棉织物吸湿性强、透气性甚佳、耐洗、带静电少，具有良好的穿着舒适性，但容易起皱、易缩水，外观不够挺括美观，穿着时必须时常熨烫。

第二，棉织物光泽柔和，富有自然美感。

第三，棉织物不耐酸，遇酸极不稳定，可使纤维溶解，形成孔洞。

第四，受日晒及大气环境的影响，棉织物可被缓慢氧化，织物强度下降，长时间处于100℃下会造成一定损坏，在120℃~150℃高温条件下会被碳化，因此，熨烫及染色时应调控好温度，以免对面料造成损伤。

第五，棉织物不易虫蛀，但易霉变，因此，在存放、使用及保管过程中应防湿、防霉。

随着社会的发展，人们崇尚自然，环保成为众人的目标。无论是在巴黎、米兰、纽约等国际时装发布会，还是在国内外的时装卖场，以高档棉织物为主的纯棉时装已经成为时尚新元素。制作西装上衣的棉织物面料，主要包括以下几类：

1. 牛津布（图2-12）

牛津布又称牛津纺，因曾用于牛津大学的校服制作而得名，属于传统精梳棉织物，原为色织牛津布，现多是由色纱和漂白纱织制，属于特色棉织物。织物表面有明显的颗粒效果，手感柔软、光泽自然，具有良好的透气性，穿着舒适，而且平挺保形性好。适用于制作夏季女套装、衬衫、女套裙及休闲服装等。

图2-12 牛津布

2. 斜纹布（图2-13）

斜纹布主要有粗斜纹布和细斜纹布两种，属于中厚型斜纹组织。面料质地稍厚、手感柔软，正面纹路清晰，反面较为模糊。斜纹布布身紧密

（a）涤纶细斜纹布　　　　（b）粗斜纹布

图2-13 斜纹布

厚实，有本色、漂白、染色及各种印花品种，种类丰富。适用于制作男女便装、制服、工作服、学生装等。

3. 卡其（图2-14）

卡其为斜纹组织棉织物，最初是因用一种名叫"卡其"的矿物染料染成泥土的保护色作为军用而得此名，也是棉型织物中紧密度最大的一种斜纹织物，按照纱线结构划分，卡其可分为纱卡其［图2-14（a）］、半线卡其、全线精梳卡其［图2-14（b）］。

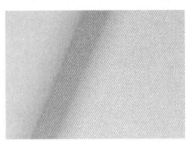

（a）纱卡其　　　　　　　　（b）全线精梳卡其

图 2-14　卡其

纱卡其又称单面卡其，采用三上一下的斜纹组织，面料正面有斜向纹路，反面则无。布身紧密厚实，强力大，不易起毛，但面料手感较硬，且耐磨性较差。此外，染色时，颜色不易着色，洗涤后也会有磨白、泛白的现象。

线卡其又称双面卡其，采用二上二下加强斜纹组织，正反两面都为斜向纹路，正面纹路比反面更为清晰，两面纹路方向相反。此外，纱卡其还有半线、全线卡其；精梳、半精梳和普梳。根据使用原料划分，有纯棉卡其、涤棉卡其和棉维卡其等。

卡其为色布，所用原料有纯棉、涤棉等，适用于制作制服、外套以及风衣等，而极细纱卡则适用于制作衬衫。

4. 灯芯绒（图2-15）

灯芯绒又称棉条绒，最早出现于法国里昂，作为高贵织绸的代用品，在上层人士的服饰中大为流行。织物多采用复杂组织中的起毛组织，表面呈耸立绒毛，排列成纵条状，外观圆润，似灯芯草，如图2-15（a）所示。

灯芯绒可织成粗细不同的条绒，其绒面较紧密而平坦，绒条丰硕饱满，手感柔软、纹路清晰饱满、保暖、耐磨性好，外形美观，主要用作外衣面料，从休闲夹克到精工西装；从风格狂放的猎装到细腻的儿童服装，都适用此面料。灯芯绒服装切忌洗涤时用热水烫、用力搓，以免脱绒；也不宜洗涤后熨烫，以免倒绒。

根据灯芯绒表面绒毛外观的不同，可分为条绒和花式灯芯绒。条绒又可根据每英寸的绒条数目的不同，分为特细条、细条、中条、粗条、宽条、特宽条和间隔条。其中，中条灯芯绒最为常见，其条纹适中，适用于制作各式男女服装；宽条纹的灯芯绒常用于制作夹克衫、短大衣等；而细条和特细条灯芯绒，由于质地较为柔软，多用于制作衬衫、儿童服装等。花式灯芯绒是运用提花的方法，使织物表面呈现几何花纹，或将绒条偏割形成高低毛或部分绒条不割绒的提花灯芯绒等，如图2-15（b）所示。随着技术的发展，灯芯绒的变化形式也不断增多，市面上的印花灯芯绒、人字斜纹灯芯绒［图2-15（c）］、泡泡灯芯绒等也备受消费者青睐。

（a）细条灯芯绒和粗条灯芯绒　　　　　（b）提花灯芯绒　　　　　（c）人字斜纹灯芯绒

图 2-15　灯芯绒

（三）麻织物

麻织物主要是以大麻、亚麻、苎麻、黄麻、剑麻、蕉麻等各种麻类植物纤维制成的一种布料，一般被用来制作休闲装、工作装，目前多用于制作普通的夏装。麻织物的主要服用性能有以下几点：

第一，麻织物的吸湿性、导热性、透气性甚佳，在夏季穿着舒适，利于排汗。

第二，天然纤维中的麻强度极高，湿润状态下会比干燥状态下更强，其中苎麻布强度最高，亚麻布、黄麻布次之。

第三，麻织物的外观较为粗糙，手感较棉布更硬，易起皱，不易打理。

第四，麻纤维具有抗菌性能，所以麻织物具有较好的耐腐蚀性，不易霉变、虫蛀，易于保管。

第五，麻织物的染色性能良好。原色麻胚布不易漂白，色牢度较差，相对而言，机织麻布在染色前易于处理，其色泽及色牢度有所改善。

第六，麻织物的耐碱性较好，但在热酸条件下易膨胀、溶解。

由于麻织物有干爽、利汗、舒适等性能以及朴素、自然等特征，其价格又介于棉与丝绸之间，易于接受，颇受各阶层消费者的青睐。

1. 纯麻织物（图2-16）

纯麻面料的西装一般休闲味浓，很少出现在正式场合中，主要有薄、透气、凉爽、上身易皱、垂感差的特点。用于制作西装的麻面料与用于制作衬衫、T恤的麻

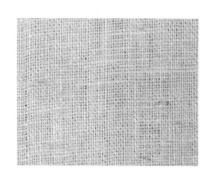

图 2-16　纯亚麻织物

面料有一定的区别，西装所用麻面料一般会更厚实和柔软一些，而衬衫、T恤等春夏季穿着的衣服会选用更轻更薄的麻面料，两者在手感上有明显的不同，穿着后也会有完全不同的感受。

纯天然100%麻面料给人的感觉比较硬，但是经过特殊工艺处理以后，并不会让人在穿着时有不舒服的感觉，只是并不是每一个人都会很习惯。随着社会的发展，时尚观念的转变，经过加工处理的麻织物已被渐渐搬上时尚舞台，出现在各大服装品牌的发布会中，被制作成各种高档服装。

2. 麻棉混纺织物（图2-17）

麻加棉的织物用在服装上，会提升整个衣服的柔软性，麻棉混纺粗织物的风格较为粗犷，面料干爽挺括，平挺厚实，适用于制作夏季的外衣、工装等。虽然麻棉混纺织物比纯麻料织物透气凉爽性差一点，但是还是基本保持了麻织物特点，穿着较舒适。

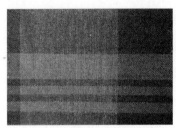 

（a）棉麻色织斜纹格　　　　　　　（b）亚麻棉混纺布

图2-17　麻棉混纺织物

3. 麻丝混纺织物（图2-18）

麻丝混纺织物所制作的西装有类似丝和羊毛混纺后织物的感觉，更有光泽度，线条会更明显，也具备了丝和麻两者凉爽的特点，这种面料的西装在功能性和外观感等方面都能取得好的效果。

（a）桑蚕丝大麻混纺布　　　　　　（b）绢丝亚麻色织斜纹布

图2-18　麻丝混纺织物

4. 其他麻交织物（图2-19）

随着各项技术的不断发展，国际市场上的麻织物种类层出不穷，现在市面出现的毛、麻与其他材料的混纺织物也处处可见，并深受消费者喜爱。这些麻交织物的外观风格新颖、别致，穿着舒适，具有多种服用功能，而且织制品呈现高档风格，均适用于秋冬男女套装、时装等外衣制作。

（a）毛涤麻条子精纺面料　　　　　（b）毛丝麻混纺布

图 2-19　麻、毛、丝混纺织物

（四）丝织物

我国是世界上最早饲养家蚕和缫丝织绸的国家，丝绸在我国有悠久的历史，在服饰上、经济上、艺术上及文化上均散发着灿烂光芒，对于后世产生了深远的影响。时至今日，被称为三大名锦的古代四川蜀锦、苏州宋锦、南京云锦仍是丝织品中的优秀代表，并出现在全世界各国各地，深受众人喜爱。

1. 丝织物的服用特点

丝织物的服用特点主要有以下七个方面：

（1）丝织物的主要原料为桑蚕丝和柞蚕丝，富有光泽，手感滑爽，穿着舒适，高雅华贵，常被用于制作高级礼服。尤其是桑蚕丝洁白而又细腻，易于着色，手感更佳，常被用于制作高档西服及礼服。

（2）丝织物的抗皱性及耐光性较差，故不宜在日光下暴晒，同时在熨烫时，更不宜直接熨烫，温度应控制在150~180℃，避免极光出现。

（3）织物不具备自然免烫性，洗涤后需熨烫整理恢复平整效果。

（4）丝织物缩水率较大，在5%~12%，有些品种甚至更高，所以需预缩或做相关整理。

（5）丝织物对无机酸较稳定，但浓度过大时会造成水解，并对碱反应敏感，影响质地和光泽，故洗涤时应选用中性的丝毛洗涤剂。

（6）丝织物会发生虫蛀，收放时注意防蛀。

（7）真丝面料柔软，富有弹性，揉之有丝鸣声；人造丝手感较为粗糙，有湿冷的感觉。若单以触感辨别真假丝织面料时，真丝面料经手握紧再放松后，皱纹少而不明显；而人造丝织品的皱纹较多，不易复原。

2. 丝织物的分类

丝织物按其商业经营习惯可以分为蚕丝织物类、柞蚕丝织物类、绢纺丝织物类、人造丝织物类、合纤丝织物类、交织丝织品等。按照采用原料、加工工艺等划分又可以分为纺、绫、缎、绉、绸、绢、绡、绨、罗、纱、葛、锦、呢、绒几类。在此，主要针对适用于制作女西装上衣的面料着重进行分析。

（1）呢：呢类丝织物是以绉组织、平纹组织、浮点较小的斜纹组织或其他混合组织作底，并采用较粗的经纬丝织制而成，织物布面无光泽，质地丰满。特别是丝毛呢质地厚实而富有弹性，有较强的毛型感，很适合制作西服和套装。

（2）绸：多采用桑蚕丝、黏胶人造丝、合纤长丝纯织或交织而成（图2-20），根据生产工艺的不同可以分为生织和熟织，而据织物表面的密度和厚度又有轻薄型绸类和厚重型绸类。其中，中厚型绸类，因面料丰满厚实，表面层次感强，是制作高级服装的佳选，如西装、礼服室内装饰用品等。

（a）真丝色织特宫绸　　　　　　（b）丝毛黏斜纹绸

图2-20　绸

（3）纺绸：主要是指用桑蚕丝、绢丝、人造丝、锦纶丝等织制出的平纹织物，织物质地轻薄，布面平整细腻。表面平整、质地轻薄的花或素丝织物，适用于制作西装、衬衫、裙子、裤子及服装里料等。

（五）混纺织物

混纺织物是指构成织物的原料采用两种或两种以上不同种类的纤维，经混纺而成的纱线所制成，有涤黏、涤腈、涤棉等化学纤维与棉、毛、丝、麻等天然纤维混合纺纱织成的纺织产品。混纺织物的优点就是不同种类纤维的有机结合，取长补短，优势共存，满足人们对衣着的不同要求。

1. 毛涤混纺织物（图2-21）

毛涤混纺织物是由羊毛和涤纶混纺纱线制成的织物，是当前混纺毛料织物中最普遍的一种。毛涤混纺集合了毛和涤纶的优点，使面料恢复性好、尺寸稳定、易洗快干、坚牢耐用、不易虫蛀，但手感不及全毛柔滑。价格比一般面料高，但比全毛面料要低，适合做中高档西服。

2. T/R面料（图2-22）

T/R面料是涤黏混纺面料，属于一种互补性强的混纺织物。它不仅有棉型、毛型，还

图 2-21　毛涤混纺织物

图 2-22　T/R 面料

有中长型。毛型织物俗称"快巴",当涤纶含量不低于50%时,这种混纺织物能保持涤纶的坚牢、抗皱、尺寸稳定的优点,具有可洗可穿性强的特点。黏胶纤维的混入,改善了织物的透气性,提高了抗熔孔性,降低了织物的起毛起球性和抗静电现象。这类混纺织物的特点使得织物平整光洁、色彩鲜艳、毛型感强,手感弹性好,吸湿性好,但免烫性较差。总之,由于此类织物价格适中,能够很好地体现西装的优点,因而也是最受欢迎的西装面料。

3. T/R/W 面料（图 2-23）

T/R/W 是一种新型的混纺面料,兼顾了涤纶、黏胶、羊毛的优点,越来越受欢迎。价格适中,适合做中高档西装。

图 2-23　T/R/W 面料

（六）材料的服用性能

材料的服用性能是我们判断和选择材料的基本依据，更是服装制作等后续工作的前提，因此，服装材料的识别是各项工作的重中之重。在影响材料服用性能的众多因素之中，纤维的耐热性、受日晒的影响程度以及织物是否具有免烫性也成为选择材料要考虑的重要问题，以下为部分织物各种性能比较结果。

1. 耐热性

耐热性指织物对热作用的承受能力，即高温作业下，织物强度、弹性遇热是否会发生改变，不发生改变的织物，则耐热性较好。通常情况下，纤维受高温影响，强度和弹性会有所降低，甚至消失，因此，服装在制作熨烫及后期洗涤时，应采取适当温度，以免织物受到损伤，影响服装的整体效果。各种纤维耐热性能见表2-1。

表2-1 各种纤维的耐热性

纤维名称	分解温度（℃）	软化温度（℃）	溶解（℃）
羊毛	135	—	—
麻	200	—	—
棉	150	—	—
蚕丝	150	—	—
涤纶	—	235~240	255~260
黏纤	150	—	—

2. 日晒对纤维强度的影响程度

织物在日光照射下，紫外线对纤维分子有较强的影响，会发生裂解、氧化、变色、强度损失、耐热性降低等性能变化。织物在经受一定时间的日照后，强度损失越小，表明耐晒性越好，部分纤维强度受日晒的影响情况见表2-2。

表2-2 日晒对纤维强度的影响

纤维种类	日晒时间（h）	强度损失（%）	特征
羊毛	1120	50	强度略下降，泛黄
麻（亚麻、大麻）	1100	50	强度略下降
棉	940	50	强度有些下降
蚕丝	200	50	强度明显下降，泛黄，发硬
涤纶	600	60	强度有所下降
黏胶	900	50	强度有些下降

3. 纤维性能与织物的免烫性

免烫性又称洗可穿性，是指织物在洗涤后，不经熨烫而保持原有的平整状态，且形态稳定的性能，免烫性可直接影响服装洗涤后外观的耐久性。通常，纤维吸湿性小、抗皱性好、缩水率低的织物免烫性就好。天然纤维及人造纤维与涤纶、锦纶纤维混纺也有助于提高纤维的免烫性，织物稍加熨烫即可恢复平整挺括的外观。表2-3为部分纤维性能与织物的免烫级别。

表2-3　纤维性能与织物的免烫级别

纤维名称	吸湿性	干、湿弹性恢复率	免烫级别
羊毛	最强	高	中
麻	强	低	差
棉	强	低	差
蚕丝	强	中	中
涤纶	弱	高	最好
黏胶	最强	低	差

二、西服常用里料

里料是服装最里层用来覆盖服装里面的夹里布，是为补充面料本身不能获得服装的完备功能而加设的辅助材料。一般适用于中高档服装以及面料需加强的服装，可提高服装的档次并增加其附加价值。

（一）里料的种类及性能

里料的种类很多，其划分方法也很多，最简单也最常用的方法是按照使用面料的不同进行分类，在此，主要针对适用于制作西服上衣的常用里料进行如下计算。

1. 天然纤维里料

天然纤维里料主要是指以天然纤维为原料纯纺制成，常见的有纯棉里料和真丝里料。

（1）纯棉里料：吸湿性、透气性好，穿着舒适，不易脱散、价格低廉。适用于休闲类西装的里料用料，不适合作为正式西装里料。

（2）真丝里料（图2-24）：光滑、质轻、美观，吸湿、透气性好，对皮肤无刺激，不易产生静电。多为夏季薄料西装以及纯毛的高级服装、裘皮服装采用的里料，由于凉爽感好，特别适用于较薄毛料服装。但是由于真丝里料轻薄、光滑，对其加工工艺也有较高要求。

2. 化学纤维里料

（1）由涤纶及锦纶长丝织成的平纹素色涤纶绸、尼龙绸［图2-25（a）］、色织条格塔夫绸、斜纹绸等是国内外广泛采用的里料，其弹性好、不易起皱、易洗快干、不缩水、不

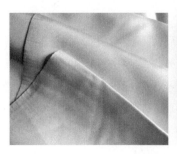

图 2-24 真丝里料

虫蛀、耐磨性好而且价格低廉，是其受欢迎的主要原因。但由于其吸湿性较差、易起静电、舒适性不佳，故不适合做夏季服装里料。人造棉布［图 2-25（b）］、富纤布、人造丝软缎等也属于此类。

（2）人造纤维里料，如人丝软绸、美丽绸［图 2-25（c）］等长丝织物，光滑而富丽，易于定型，是中高档服装普遍采用的里料。但由于其缩水率大，湿强低，所以制作时要充分考虑里料的预缩及裁剪余量。

（a）尼龙绸　　　　　　　　（b）人造棉布　　　　　　　　（c）美丽绸

图 2-25　化学纤维里料

3. 混纺与交织里料

（1）醋酯纤维与黏胶纤维混纺里料，与真丝相似，质轻、光滑，适用于各种服装，但是其裁口边缘易脱散。

（2）羽纱是以黏胶或醋酯纤维为经纱，黏胶短纤维或棉纱为纬纱织成。质地较为厚实，耐磨性好，又有很好的手感，是西服、大衣及夹克衫所常用的里料。

（二）里料的作用

里料虽然属于服装的辅料，但对服装的整体质量、档次、成衣效果起着重要的作用。

1. 保护面料

人体分泌的汗液中含有氯化钠、碳酸钙等盐类，有呈酸性的，也有呈碱性的，这些酸碱成分会对服装面料有腐蚀作用，对面料的使用寿命产生直接影响。合理地运用里料可以防止汗液浸入面料，减少人体或内衣与面料的摩擦，同时，也可以减少汗液直接浸入面料上，防止面料被汗液腐蚀。

2.美观实用

服装的里料可以有效遮盖不需外露的里衬、缝边、毛边等，使服装整体更加简约，并获得较好的保形性，这对西装来说尤为重要，可以直接提高西服套装的整体档次。里料的应用更符合人体工程学，易于人体活动，同时对易伸长的面料，可限制服装因伸长而变形。

3.塑型

里料可以使服装更具有挺括感，对定型要求较高的西装更为如此。在夏季，可以通过使用轻薄柔软的里料塑造坚实、平整的造型效果。同时，对于镂空的面料来讲，里料不但可承起衬托作用，而且若加以巧妙运用，利用出彩里料，更可以烘托服装的整体效果。

4.保暖

里料可以加厚服装的整体厚度，对于春、秋、冬季服装更能起到防风、御寒保暖的作用。

（三）里料的选择

里料是服装的重要组成部分，按其原料划分主要包括绸里料、绒里料和皮里料等。一般来讲，套装的常用里料为各种涤纶里料。当然，具体选择时，需根据服装面料的性能进行配置。

1.里料颜色

所选用的套装里料要与面料颜色相近或浅于面料，若里料颜色过于鲜亮，则会喧宾夺主，影响服装整体效果。

2.里料的收缩率

有些里料与面料一样存在收缩率的问题，因此应选择与面料收缩率相近的里料，适当估算并留有适当缝量。

3.里料的吸湿与透气性

不同季节对服装里料的要求也有所不同，夏季主要选择吸湿与透气性较好的织物，而冬季则要考虑气候干燥易产生静电的问题。正确地选用里料，可以改善着装后的舒适性。

4.里料价格

里料价格也是构成服装成本的内容之一，因此，在选择里料时，要在与服装面料相匹配的基础上，符合美观、经济、实用的原则。通常，里料价格不会高于面料价格，但也不能过分追求成本，不考虑其质量，这样会对服装的档次定位构成影响。

三、西服常用衬料与垫料

衬料与垫料是介于服装面料与里料之间，起着衬托外形、完善服装造型的作用，它可以是一层，也可以为多层，被视为服装造型的骨骼。

（一）衬料

服装衬料从最初的天然材料，发展到后来的人工材料，逐渐形成以麻布和棉布为主的衬布，棉、麻衬布也可以说是我国的"第一代衬布"。随着时代与科技的发展，各个时期所盛行的衬布种类各不相同，概括其发展历程见表2-4。

表2-4 衬布的发展历程

时间	名称	产生背景
20世纪30年代	马尾衬	中山装的提出及西装引入的影响
20世纪40年代	黑炭衬	由印度引入，在宁波地区形成小规模生产
20世纪50年代	黑炭衬	黑炭衬生产形成规模 未经树脂整理的黑炭衬被誉为我国"第二代衬布"
20世纪60年代	机织树脂衬布	树脂整理工艺的影响
20世纪70年代	经树脂整理的衬布	树脂整理工艺的影响 经树脂整理的衬布可以说是我国的"第三代衬布"
20世纪80年代	黏合衬布	衬布工业的发展，黏合衬布被开发及应用 黏合衬布也被称为我国的"第四代衬布"

1.衬料的种类及性能

（1）棉衬：为平纹组织，有软棉衬、硬棉衬之分。软棉衬采用中、高线密度纱编织而成，不加浆处理，手感较软；硬棉衬［图2-26（a）］则是经过浆料处理，质地较硬。棉衬适用于各类传统加工的服装，可满足服装各部位对衬的软硬和厚薄变化的要求。

（2）麻衬：有麻平纹织物或麻混纺平纹，可分为纯麻布衬［图2-26（b）］和混纺麻布衬［图2-26（c）］。由于麻纤维刚度大，所以麻衬有较好的硬挺性和弹性，是西服、大衣以及一些高档服装的主要用衬。

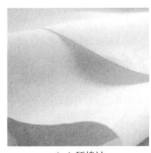

（a）硬棉衬   （b）纯麻布衬   （c）混纺麻布衬

图2-26 棉衬、麻衬

（3）毛衬：主要是指黑炭衬和马尾衬。

①黑炭衬：是由牦牛毛、山羊毛等动物性纤维的纯纺纱或混纺纱为纬纱，配以棉或棉混纺纱为经纱的纱线编织而成。因布面中夹杂黑色毛纤维，故称黑炭衬，如图2-27（a）所示，其特点为硬挺、纬向弹性好、经向悬垂性好，常用于大衣、西服、礼服、制服等服装的前身、胸部、肩、驳头等部位，使服装更为挺括有型。

②马尾衬：是由马尾鬃作纬纱，棉纱或棉混纺纱为经纱编织而成，又称马鬃衬，如图2-27（b）所示。马尾衬弹性很好，柔而挺又不易起皱，高温条件下易变形，是高档服装用衬的上选。但由于马尾衬较硬，经向棉纺纱与纬向马尾鬃的摩擦力较小，马尾鬃很易戳出，因此，马尾衬不适合用于肘关节等扭曲较大的部位。

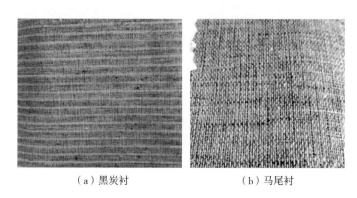

（a）黑炭衬　　　　　　（b）马尾衬

图 2-27　毛衬

（4）树脂衬：属于传统衬布的一种，是由纯麻或混纺麻、纯棉或混纺棉等平纹布经过树脂浸轧后制成的衬料［图2-28（a）］。树脂衬的硬挺度和弹性都很好，耐水洗，但其手感硬板，主要适用于领口、袖克夫、口袋等部位。

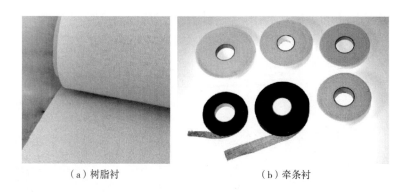

（a）树脂衬　　　　　　（b）牵条衬

图 2-28　树脂衬、牵条衬

（5）牵条衬：有机织黏合牵条与无纺非织造布黏合牵条，用在服装的驳头、袖窿、止口、下摆衩、袖衩、门襟、领窝等处，起到加固作用，尤其可避免因成衣制作引起的面料脱散或变形［图2-28（b）］。牵条的宽度有0.5cm、0.7cm、1.0cm、1.2cm、1.5cm、2cm、

3cm等不同规格，同时，牵条有直牵条和斜牵条，斜牵条有60°、45°、30°、12°等规格。直牵条用于翻领线，稳定胸衬的位置，用在肩膀止口位及驳领的驳位，可确保快速及牢固地黏合于这些部位；斜纹牵条用于外衣边位及弧形边位，能使其容易地熨烫于微弯位置，如中央车缝线更能稳固边位，避免拉伸变形。

牵条衬在运用过程中应注意，牵条衬的经纬向与面料或底衬的经纬向要成一定角度其效果才最佳，不然无法起到加固保形的作用。

（6）黏合衬：又称热熔黏合衬，是将热熔胶涂于基布之上制成。使用简单，易于操作，只需在一定的温度、压力和时间条件下，使黏合衬与面料（或里料）充分黏合，即可得到挺括、美观、富有弹性的定型效果。

黏合衬种类丰富，其划分方法也很多，按基布类别可以分为机织黏合衬、针织黏合衬和非织造布黏合衬。按热熔胶种类可分为聚酰胺（PA）黏合衬、聚酯（PET或PES）黏合衬、乙烯—醋酸乙烯（EVA）黏合衬、聚乙烯（PE）黏合衬等。热熔胶的性能直接影响衬布性能，热熔胶的性能主要包括两个方面：一是热性能，即熔融的温度和黏度，这决定黏合衬的熨烫条件；二是黏合和耐洗性能，是否耐干洗和水洗，黏合强度如何，这决定黏合衬将适用于何种面料及服装工艺制作。

①机织黏合衬：多以纯棉或涤棉平纹机织布为基布，稳定性和抗皱性较好，价格偏高，多用于中高档服装的制作。

②针织黏合衬：分为经编衬和纬编衬，有较好的弹性，多用在夏季套裙、衬衫的制作中［图2-29（a）］。

③非织造布黏合衬：又称无纺衬，是由无纺布涂热熔胶制作而成，质量轻、不缩水、裁剪后不易脱散、保形性好、价格低廉，是黏合衬的主要基布，约占黏合衬总使用量的60%。但与机织黏合衬和针织黏合衬相比，无纺布黏合衬存在表面较为粗糙、光泽差、厚度和质量均匀度差、强度低、耐久性及悬垂性较差等缺点。

根据无纺衬的用途划分，可分为单面无纺衬［图2-29（b）］和双面无纺衬［图2-29（c）］，双面无纺衬可在面料与面料之间或面料与里料之间起到加固作用，也可用于包边或面料连接，双面黏合衬一般制成条状使用。

  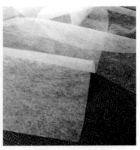

（a）针织衬　　　　　　　　（b）单面无纺衬　　　　　　　　（c）双面无纺衬

图2-29　黏合衬

黏合衬运用是否得当，会对服装质量造成影响，因此，在选择黏合衬时，需考虑服装用衬部位、服用性能、服装款式以及洗涤条件等因素，并使黏合衬与衬料相匹配，同时，需了解黏合衬的种类、热熔胶性能以及加工工艺等条件，以免造成困扰。

2. 衬料的选用

服装衬料的种类多种多样，其性能也千差万别，在选择时可从以下几方面考虑：

（1）与服装面料相匹配。在选择衬料时要一切服从于面料，要与服装面料的色彩、缩率、单位克重、厚度、色牢度、悬垂性等因素相协调。如法兰绒需选用较厚衬料，丝织物需选用较轻薄衬料，涤纶面料需选用涤纶衬料。对于缩水率较大的衬料，需在裁剪前进行预缩，而对于色泽较浅、质地轻薄的面料，则需考虑衬料的色牢度，避免产生晕染或不透气等现象。

（2）符合服装造型需要。服装的造型、款式与衬料息息相关，可以说很多服装的造型必须依靠衬料来实现，衬料起着至关重要的作用。例如，西装为实现外形的挺括与饱满，必须依靠不同衬料的弹性、厚度等性能得以实现，在衬料的裁剪过程中，需注意衬布的经纬纱向，以完美地诠释服装的造型需要。

（3）考虑服装用途。对于日常穿着的服装来说，水洗是制约选衬的重要因素，在选择时，需选择耐水洗衬料，而对于西装等需干洗的服装，则又要考虑其干洗条件。

（4）计算价格与成本。衬料价格将直接影响服装总成本，因此在选择衬料时，应在符合服装造型需要的基础上，选择价格较为低廉的衬料。但对于男女套装等高档服装来讲，衬料价格对其影响相对较小，可选择性价比较高的衬料。当然，若价值相对较高的衬料可以降低劳动强度、提高服装整体质量、节约劳动时间，则可以考虑选用。

（二）垫料

服装用垫料最早出现于西欧一些国家，20世纪70年代逐渐普及并迅速传播，20世纪80年代在我国服装中广泛出现。垫料在服装造型中起着修饰、补足的作用，对男女西服套装的定型尤为重要。

1. 垫料的种类

垫料的选择应根据服装的造型特点、服装风格、面料性质等各方面因素具体而定，尤其是套装中使用垫料的部位也较多，但主要集中在胸、领、肩这三大部位。

（1）胸垫（图2-30）：又称胸绒，在服装造型中可使服装挺括、立体感强、造型美观，主要用于西服、大衣等服装的前胸夹里，可增强服装的弹性以及立体感，塑造挺括、丰满的服装造型。伴随纺织技术的发展，胸垫由最初较为低级的纺织品发展为之后的毛麻衬、黑炭衬以及现在的各种无纺布。随着无纺布的发展及

图 2-30　全胸垫

图 2-31 领底呢

针刺技术的出现和应用，非织造布胸垫运用越来越广泛。

（2）领底呢（图2-31）：又称领垫，由毛和黏胶纤维针刺成呢，经特殊定型而成，代替面料或其他材料制作领里，是制作服装领里的专用材料。领垫的运用使衣领更为平展服帖，造型更为美观，不但便于整理定型，更利于洗涤，且不走形。领底呢主要用于制作西装、大衣、军装及一些行业制服。

（3）肩垫（图2-32）：又称垫肩，起源于西欧，之后迅速发展传遍世界。目前，垫肩种类繁多，就其材料分有棉及棉布垫肩、海绵及泡沫塑料垫肩、羊毛及化纤针刺垫肩。西装、制服等服装广泛采用针刺垫肩，即各种材料用针刺的方法复合成型而制成的垫肩。

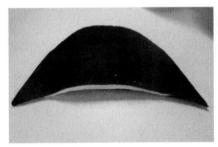

（a）正视图　　　　　　　　　　（b）背视图

图 2-32 肩垫

肩垫的形状与厚度，主要由服装种类、使用目的以及流行趋势所定。肩垫的运用形式灵活，可以固定在服装的肩部，也可以灵活取下，根据穿着者个人特征决定。

2. 垫料的选用

衬垫的种类繁多，功能也各有不同，在选择时可从以下五方面考虑：

（1）垫料应硬挺而富有弹性，有利于支撑面料，并起到塑型作用。

（2）根据不同服装部位需求进行选择，服装不同部位对垫料的要求不相同，因此选择时应针对不同部位需求具体选择。如胸衬宜选择挺括、略有立体造型的衬垫，而领口衬、袖口衬则宜选择柔软有弹性的衬垫料。

（3）参照服装面料的质地、厚薄、颜色选择相应垫料。

（4）考虑垫料的性能，如吸湿透气性、耐热性、缩水性、洗涤性、色牢度等应与面料和里料相匹配。

（5）垫肩的种类、外形等要符合服装需要，与穿着者的身材尺寸相配合。

四、西服用紧固材料

对服装起着连接、紧固作用的材料，如服装上的纽扣、拉链、挂钩、绳带等都被称为服装的紧固材料。紧固材料虽小且又为辅料，但它的功能和装饰作用却很强，如果运用得当会提升服装的整体效果，反之，则会影响服装的整体效果。针对西装所需紧固材料——纽扣进行分析。

（一）纽扣的种类及性能

纽扣的种类繁多，造型丰富，不但具有强大的实用功能，其装饰功能也越来越不容忽视。选用纽扣时，一般按其结构与材质的不同进行划分。

1. 按结构划分

纽扣按其结构划分包括有眼纽扣（图2-33）、有脚纽扣、按扣、盘扣等多种，但在各类男女套装中常用的多为各种材质的有眼纽扣。有眼纽扣是在纽扣的中央有两个或四个等距的线孔，以便缝纫线穿过扣眼钉在服装上，纽扣的大小、颜色、厚度、形状等变化无穷，适用于不同需要的各种服装，这也是传统男女套装常选用的纽扣类型。

图2-33　有眼纽扣

2. 按材质划分

纽扣不同的材质直接决定其最终特征，纽扣的材料有合成材料、天然材料、金属材料等。

（1）合成材料纽扣。合成材料纽扣是目前市场上数量最大、品种最多、应用最为广泛的一类纽扣，此类纽扣色泽鲜艳、造型丰富且物美价廉，成为受欢迎的重要原因。各类尼龙、聚丙烯、聚苯乙烯、ABS及不饱和树脂都是生产纽扣的重要材料，其中不饱和树脂是生产合成材料纽扣的佼佼者。脲醛树脂扣又称尿素扣，是树脂扣的一种，也是目前最常见的中高档西服纽扣（图2-34）。

图2-34　脲醛树脂扣

（2）天然材料纽扣。随着人们审美观的不断转变，天然材料纽扣越来越受关注，频频出现在各类服装设计作品中。贝壳、宝石、石头、皮革以及各类坚果、木头等都是制作天然材料纽扣的不错选择。目前，各色各式的牛角扣已成为各类西装中的常用纽扣，一般在男女西装中多选择圆形牛角扣（图2-35）。

（3）金属材料纽扣。金属材料纽扣多由黄铜、镍、钢、铝等材料制成，常用于各类制服及牛仔裤，极少在西服套装中出现。

图2-35　牛角扣

（二）纽扣的运用

小小的纽扣，不同的使用方法，直接影响服装的整体效果。

1. 纽扣位置

常规男西装，第一粒纽扣位置一般在领尖下1cm左右处（领尖边缘与纽扣边缘），距止口线约1.5cm，各纽扣之间距离均等，如图2-36所示。

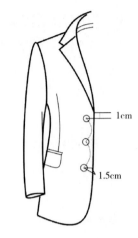

图 2-36　三粒扣男西装纽扣位置

2. 纽扣系法

西服纽扣有单排、双排之分，在庄重场合所穿着的西装多为单排扣。穿双排扣西装时，一般要将纽扣都扣上。穿单排扣的西装，若为一粒扣，系上略显端庄，敞开则显潇洒；两粒扣，只扣上面一粒，适用于正式场合，全扣和只扣第二粒不合规范；三粒扣，扣上面两粒或只扣中间一粒都符合规范要求。当然，在非正式场合可以不扣纽扣。

3. 纽扣的选用

纽扣除了具有基本的连接功能之外，其装饰作用也不容忽视。在现代服装设计中，往往是细节决定成败，美观、高品质的纽扣运用可以体现一个人的审美观，尤其是简约大方的套装，纽扣的作用则更加明显。在选择纽扣时应注意以下三点：

（1）造型。纽扣的造型要根据服装风格而定，套装一般选择简约、精致的纽扣较为合适。

（2）颜色。纽扣颜色选择须根据服装的整体色彩和风格而定，一般采用同色或近色纽扣。

（3）材质、价格。不同档次服装所需纽扣的材质、价格各不相同，中高档服装可选择材质较好、价钱稍高的纽扣来衬托服装，提升服装的整体档次。

五、其他辅料

随着人们审美观念的不断提升，越来越多的花边、缎带以及装饰材料出现在休闲西服的设计中，它们的作用是加强服装造型及装饰作用。

1. 缎带

用缎纹组织织制的装饰带类织物称为缎带。经纬向均采用黏胶人造丝，织后染成各种颜色，平滑光亮，色泽鲜艳，柔软而直挺，常用于服装镶边、绲边及制作饰物中，如图2-37（a）所示。

2. 装饰材料

装饰材料主要包括珠子、亮片、动物羽毛等，这些材料用线缝合，镶嵌在服装的不同部位，常用在礼服、舞台服装以及休闲类服装上，装饰感较强，如图2-37（b）所示。

（a）缎带装饰男西装　　　　　　　　　　　（b）珠片装饰男西装

图 2-37　缎带、装饰材料

第二节　服装材料的配用原则

服装是由多种材料组合而成，这些材料相互作用服务于服装整体，同时也决定了服装的外在形象、内在质量以及最终价值，要保证各材料间协调组合良好，必须遵循材料的配用原则，主要可以从以下两个方面分析。

一、外部因素

1. 季节

不同季节对服装材质以及着装风格要求各不相同，因此，季节是服装用料配用的首要考虑因素。严寒冬季，宜选择保暖性较好、厚重的面料，如羊毛、毛涤混纺、驼绒等面料；春秋季节，薄厚适中的全毛、华达呢、毛涤混纺等面料则更为合适；而炎热夏季，轻薄、透气的真丝、涤麻、人造丝及其他化纤面料则成为上选。

2. 市场

市场需求是服装生产的直接向导，市场需求变化对服装产生直接影响，因此，制作前应先了解市场，根据市场需要制订生产计划，这样才能生产出合乎时宜的时尚服装。

3. 价格与档次

服装材料有高、中、低档次的区别，高档与低廉相差甚远，在配用时，应考虑服装的档次。档次较高、价格昂贵的服装应与高档次的面、辅料相配，这样才能更好地体现服装的整体价值，否则会降低服装本身的价值。

二、内部因素

1. 伸缩率

任何服装使用的面料、里料、衬料都存在其固有的伸缩性，包括缝纫线、装饰用品、商标等配件也有伸缩性。因此，在制作时必须采用伸缩率相近的材料，或在制作前，对伸缩率较大的里料、辅料进行适当预缩处理。

2. 耐热度

为避免在熨烫、定型等高温条件下，因里料、辅料选用不当而产生烫黄、烫焦或熔化、变形等现象，在选择里料、辅料时，辅料耐热度应不低于面料的耐热度。

3. 坚牢度

坚牢度是指服装面辅料耐撕裂程度、耐顶破程度和耐磨牢度。服装的使用寿命一般是由面料的坚牢度所决定，而另一部分是由里料和辅料的坚牢度所决定。若服装面料的坚牢度较好，而里料、辅料的坚牢度较差，就会降低服装的使用寿命；反之，坚牢度较差的面料，只有里料和辅料配伍合理，才会起到保护面料的作用，从而延长服装的使用寿命。

4. 颜色

选择的面料、里料、辅料颜色是否合理，同样会对成衣质量造成影响。质地轻薄、透明或半透明的面料，配用不同色系的里料或衬料会造成外透现象，影响成衣的外观色彩效果。因此，除有特殊要求外，面辅料配伍时一般选用同一色系或相近色系为宜。

 思考与练习

1. 总结不同季节适合制作男西装的主要面料类型。
2. 掌握服装辅料的特点及用途。

基础理论与应用实操——

男西服样板制作

课题名称： 男西服样板制作

课题内容： 1. 男西服结构制图

　　　　　　　2. 男西服纸样制作

　　　　　　　3. 男西服工业制板

课题时间： 18课时

教学目的： 能结合所学的西服结构原理和技巧设计绘制不同款式西服

教学方式： 讲授及实践

教学要求： 1. 掌握男西服结构制图的相关知识

　　　　　　　2. 熟练绘制平驳头男西服的纸样制板

　　　　　　　3. 掌握平驳头男西服的工业制板

课前（后）准备： 1. 准备制图工具：测量尺、直角尺、曲线尺、方眼定规、量角器、皮尺、笔、橡皮擦

　　　　　　　　　2. 准备作图纸：牛皮纸（1091mm×788mm）

第三章　男西服样板制作

第一节　男西服结构制图

一、平驳头三粒扣男西服结构制图

（一）平驳头三粒扣男西服款式图（图3-1）

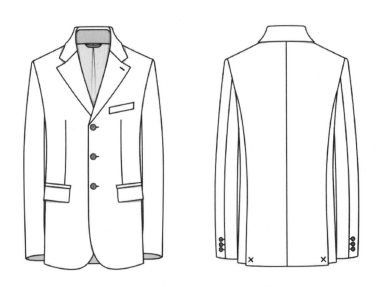

图 3-1　平驳头三粒扣男西服款式图

（二）平驳头三粒扣男西服成衣规格

准备好制图工具，包括测量尺寸、画线用的直角尺、曲线尺、方眼定规、量角器、测量曲线长度的皮尺。作图纸选择的是四六开的牛皮纸（1091mm×788mm），易于操作并且大小合适，制图时要选择纸张光滑的一面，以方便擦拭，避免纸面起毛破损。同时，绘图前必须确定成衣尺寸，要制作合体的衣服，必须正确地设定人体的尺寸，平驳头三粒扣男西服成衣测量部位，如图3-2所示。设计成衣规格表时，先在中间号型这一栏里填写从中间体号型样衣板型上量取的规格数值，然后再逐档计算、设置并填入其他各档的数值，设计成衣规格。

成衣规格为175/96A，依据是我国使用的男装号型标准GB/T 2664—2017《男西服、大衣》。基准测量部位以及参考尺寸，见表3-1。

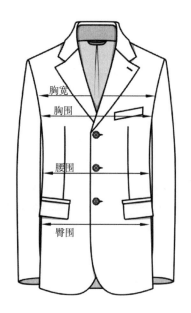
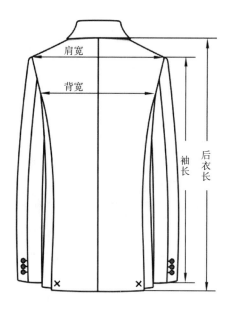

图 3-2　平驳头三粒扣男西服尺寸测量部位

表3-1　成衣规格表　　　　　　　　　　　　　　　单位：cm

编号	部位名称	身高	175	公差（±）
		净胸围	96	
		净腰围	84	
		净臀围	94	
1	衣长		76	1
2	胸围		110	2
3	腰围		96	+2-3-1
4	臀围		106	2
5	袖长		61.5	0.7
6	袖口大		15.5	0.5
7	肩宽		46	0.8
8	胸宽/2		20	0.2
9	背宽/2		21	0.2

（1）衣长：是指后衣长（后中线由后领口点至下摆），在实际的工业生产中，衣长的确定方法通常根据款式图——依据袖长与衣长的比例关系来确定衣长的长度（因为耻骨点与臀围线在一条水平线上，可以作为参照依据，这是初学者必须要掌握的基本方法）。该款式为中长上衣。衣长在臀围线附近是上衣常采用的长度，也是西服套装中常见的长度。

衣长也可以站着测量，即从颈根围至地面距离的 $\frac{1}{2}$ 为最佳。对于较矮的人，上装的下摆可以从臀围处上移1.5cm左右，会显得腿长、身材匀称。

（2）袖长：袖长尺寸的确定是由肩端点到腕关节。本款式为春秋套装，采用2.5cm厚的垫肩；袖长增加度要注意，制图中的袖长约为：测量长度+垫肩厚度。

（3）胸围：成品胸围是将样衣的成品胸围按号型系列里的胸围档差适当增减编制成表。胸围加放量与制作西服的材料、材质及款式风格有关，一般加入量为10~14cm。弹性面料可加放10cm。本样板以收身效果强、薄型毛料面料进行设计制板。

（4）腰围：在工业生产制图中，腰围的放松量不要按净腰围规格加放，在制图规格表中可以不体现，可根据号型规格的胸腰差（Y、A、B、C）制定即可。以175/96A为例，A体的胸腰差为12~16cm，腰围为80~84cm。合体服装需要设置"成品腰围"，半宽松及宽松服装通常不设置"成品腰围"，可将样衣的成品腰围按号型系列里的腰围档差适当增减编制成表。

（5）臀围：加放量为12cm，在制图规格表中可以不体现，臀围值往往是由胸围值根据款式要求加放尺寸，但初学者必须根据臀围尺寸设计下摆的尺寸。成品臀围是将样衣的成品臀围按号型系列里的臀围档差适当增减编制成表。人体的臀围档差稍小于胸围档差，但在成衣规格表中一般可以模糊处理，让臀围与胸围同值增减，以方便推板、制衣工艺及品检，至于由此产生1~2cm的累积性误差在多数情况下可以忽略（因其对服装造型效果及合体性影响甚微）。

（6）袖口：袖口尺寸为掌围加松度，西服袖口通常为31cm。

（7）肩宽：成衣的肩宽为水平肩宽，在纸样设计时需要加放尺寸。也可以按照此公式计算：肩宽=衣长×0.618（黄金分割比）。

（三）平驳头三粒扣男西服制图步骤

三开身结构西服属于西服套装典型基本纸样，这里将根据图例分步骤进行制图说明。

1. 后片制图步骤（图3-3）

（1）作一条垂直线为后中心线。

（2）确定衣长，绘制后中心线辅助线。作后中心线的垂直线，确定为上平线；在后中心线上由上平线向下取尺寸L=76cm确定下平线位置。

（3）确定前中心线辅助线。在上平线上取$\frac{B}{2}$+1.5=56.5cm，确定前中心线辅助线（制图中的B为成品胸围尺寸）为宽作矩形，作上平线垂线，确定为前中心线辅助线。

（4）确定胸围线。从上平线向下取$\frac{B}{4}$-4=23.5cm，为胸围线。

（5）确定腰围线。从上平线向下量取$\frac{L}{2}$+5.5=43.5cm，为腰围线。腰围线向下15cm为臀围线。

（6）确定后背宽线。在胸围线从后中线起向左量取$\frac{1.5B}{10}$+4.5=21cm作垂线为后背宽线。

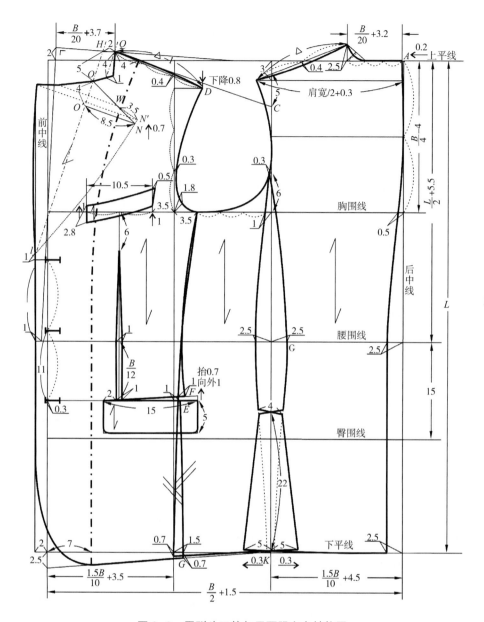

图 3-3　平驳头三粒扣男西服衣身结构图

（7）确定前胸宽线。在胸围线上从前中线向右量取$\frac{1.5B}{10}+3.5=20cm$作垂线，将此线定位前胸宽线。

（8）确定后背中线。在上平线与后中线交点向内0.2cm取点 A 作为后领中点。在胸围线与后中线交点向内0.5cm取点，在腰围线与后中线交点向内2.5cm取点，在下平线与后中线交点向内2.5cm取点。顺连后领中点、后背宽点及此三点，作为后背线。

（9）确定后领口线。从 A 点向内量取$\frac{B}{20}+3.2=8.7cm$为后领宽，向上2.5cm为后领高。同时将后领宽平均分成三份，按图数据，曲线画顺后领窝。

（10）确定肩线。从上平线开始，沿后背宽线向下量取3cm作水平线，在水平线上从后中线方向量取，$\dfrac{肩宽}{2}$+0.3=23.3cm确定为后肩宽线。

（11）确定后肩斜线。连接此点与后领高点，以此斜线为后肩辅助线，在后肩辅助线中点向下0.4cm，画顺后肩斜线。将后肩斜线长度标记为"△"。

（12）确定后袖窿线。胸围线向上量6cm在后背宽线上取一点，此点水平向外0.3cm定为后袖窿腋下点。顺连后肩点与后袖窿腋下点，并与后背宽线中点相切，完成后袖窿线。

（13）确定后背侧缝线。后背宽线与腰围线交叉点向右2.5cm确定一点，与下平线交叉点向内0.3cm再确定一点，顺连后袖窿腋下点，胸围线与后背宽线交叉点以及此二点，即为后背侧缝线。

（14）确定后片侧开衩。后背侧缝线由下向上量取22cm，宽度4cm（上）/5cm（下），画侧开衩。

（15）确定后片纱向线，与后中线下部平行。

2. 前片制图步骤（图3-3）

（1）确定搭门线。前中线向左2cm画搭门线。

（2）确定撇胸线。在腰围线与搭门线交点处，向内1cm取点，连接此点与胸围线和前中线的交点并向上延长，交至上平线，作撇胸线。撇胸线与上平线交点延长2cm，从该点作撇胸线垂线与上平线相交。该点向右取$\dfrac{B}{20}$+3.7=9.2cm确定点Q为侧颈点，该长度为前领宽。

（3）确定前肩斜线。后肩辅助线与后宽线交点向下5.5cm取点C，连接C点与Q点作前肩辅助线，取长度"△-1cm"按图示数据画前肩斜线。

（4）确定前袖窿弧线。过前肩点D作前宽线垂线，将垂足到胸围线之间线段三等分，在前宽线与胸围线之间作角分线，在角分线上取线段长1.8cm，前胸宽线与胸围线交点向右量3.5cm取点，确定前腋下点。顺连各点，画出前袖窿弧线。

（5）确定手巾袋。专插装饰性手帕如绅士手巾，由前胸宽线向前中线方向取3.5cm作一条垂线，垂线与胸围线交点向上1cm作为手巾袋开线外下口点，手巾袋开线宽2.8cm，向上取点，并向侧缝方向偏移0.5cm，确定为手巾袋开线上口点。手巾袋长10.5cm，沿胸围线向前中线方向作垂线，垂线与胸围线交点向上1cm确定一点，此点向下量取2.8cm确定为手巾袋开线里口线。连接上下开线线，画出手巾袋开线。

（6）确定大袋口位。腰围线向下$\dfrac{B}{12}$=9.2cm作水平线，确定为大袋口位，作图方法如图3-3所示。西装口袋分两种：装饰性和实用性，西服外口袋设计为了保持西装的板型，没有置物功能，是缝合的，对西装来说，外设口袋是一种程式化的体现。

（7）确定胸省。手巾袋开线长度取中点向下作垂线到腰围线，确定为胸省位，手巾袋开线向下6cm为省尖位置，在腰围线上，胸省两侧各取0.5cm，在大袋位上，胸省两侧各取0.5cm。连接各点，完成胸省设计。

（8）确定袋翘斜线。在大袋位与前胸宽线交点向侧缝方向1cm处取点E，E点向上0.7cm，向外1cm取点F，连接F点与大袋位上的胸省点，作袋翘斜线。

（9）确定前片侧缝线。由腰围线与前胸宽线交点向侧缝方向1cm取点，前胸宽线与下平线交点向右1.5cm，向下0.7cm取点G，连接侧缝各点，绘制前片侧缝曲线。

（10）确定袋位线上。胸省向左2cm定为大袋口前端点。取线段长15cm为大袋盖长。画平行线，线距5cm为大袋盖宽。袋盖角画弧线，完成大袋盖设计。

（11）确定扣位。前中心线与大袋位交点确定为第三扣位，向上11cm分别确定第二、第一扣位。

（12）确定翻驳线。由侧颈点Q点水平向前中线方向取2cm点H，搭门线上第一扣位向上1cm点确定I，连接两点，确定为翻驳线。

（13）确定前领口线。过Q点作翻驳线平行线，Q点沿平行线向下4cm向内进1cm定为前领口斜线。

（14）确定驳头。翻驳线上H点向下5cm确定一点O，再由O点沿翻驳线向下4cm确定点O'。过O'点作翻驳线垂线，并在垂线上取点N，线段$O'N$长度为8.5cm。连接O、N，点N水平上翘0.7cm得点N'，在ON'上取点M，连接MN'，使MN'长度为3.5cm，此为领台宽。连接Q点，前领口点，O、M、N'点，并用弧线画顺驳头外口线，完成驳头的设计，以翻驳线HI为对称轴，将驳头外口线对称画过去，与前领口线及搭门线、底边线画顺，完成前片样板设计。

（15）确定前下摆弧线。连接后背宽线与下平线的交点K与点G，并延长，与前中心线相交。以此线为底边弧线参考线，搭门线臀围线向下至前片侧缝下摆点以设计好的曲线画顺前门下摆弧。

（16）确定贴边线。在前肩线上由前侧颈点向肩端点方向4cm取点，在底边线上由前门止口向侧缝方向取7cm，两点连线为贴边线。

（17）确定前片纱向线。前片纱向线与前中线平行。

3. 腋下片制图步骤（图3-3）

（1）确定腋下片前侧缝线。连接胸围线上的前腋下点，腰围线上前片侧缝线与腰围线交点，曲线顺连至前胸宽线与前片下摆线交点处。与下平线交点向下0.7cm为腋下片前侧缝线。

（2）确定腋下片后侧缝线。后背宽线与腰围线交点向左2.5cm取点，后背宽线与下平线交点向内0.3cm取点，顺连腋下片后侧缝线。

（3）确定腋下袖窿线。在胸围线上将前腋下点与后背宽线收1cm点间均分为三份，曲线连接腋下片前腋下点与后腋下点，并与前$\frac{1}{3}$处相切。

（4）确定前腋下分割线。连接前腋下点袋翘斜线F点，完成腋下片样板设计，如图3-3所示。

（5）确定腋下片侧开衩。腋下片后侧缝线从下平线向上量取22cm，宽度5cm（上）/

6.5cm（下），画侧开衩。

（6）确定腋下片纱向线。腋下片纱向线与腰围线垂直。

4. 袖子制图步骤（图3-4）

本款西服袖是典型的两片结构的套装袖。

（1）确定袖肥。将前胸宽、后背宽线之间距离15.5cm，再加上6.5cm，共22cm，定为袖肥。

（2）确定袖山高。以袖长61.5cm，袖肥22cm绘制矩形，上平线向下19cm，定为袖山高。

（3）确定袖中线。将袖肥平分为四等份，取中点作垂线为袖中线。

（4）确定大袖袖山线。袖山高线与袖肥线交点向上3cm确定为点A与第一等分点B连接。袖山高线向上12cm作水平线。将其与袖肥线交点D与第三等分点C连接。上平线袖肥中点向后1cm定为袖山高点E。袖肥线与袖山高线交点向外2.5cm定为点F。点D向上1.5cm作水平线，与CD交点定为点M。按图示数据用曲线顺连F、A、E、M，画出大袖袖山线。

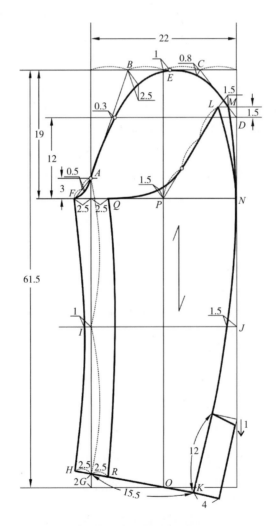

图3-4 平驳头三粒扣男西服袖子结构图

（5）确定袖肘线。将袖山高线与袖肥线交点定为点 N，袖中线与下平线交点定为点 O，袖肥线与下平线交点向上 2cm 定为点 G。取 AG 中点作水平线，定为袖肘线。

（6）确定大袖内袖缝线。袖肘线与袖肥线交点向外 1cm 定为点 I。连接点 O 与点 G 并延长至 H，使 GH 长 2.5cm。顺连曲线 F、I、H，得到大袖内袖缝线。

（7）确定大袖外袖缝线。袖肥线与袖肘线交点向内进 1.5cm 定为点 J。在袖口线上取 GK 长 15.5cm。曲线顺连 M、N、J、K，得到大袖外袖缝线，连接 HK，完成大袖片样板设计。

（8）确定小袖片袖窿弧线。点 M 向内平行 1.5cm 得点 L，连接点 L 与点 P，将斜线 LP 作为小袖袖窿弧线参考线。袖肥线与袖山高线交点向内 2.5cm 定为点 Q，参照数据作曲线 LQ，确定为小袖片袖窿弧线。

（9）确定小袖内袖缝线。作弧线 QR，使之与弧线 FH 平行，得小袖片内缝线。

（10）确定小袖外袖缝线。曲线顺连 L、N、J、O 得小袖片外缝线，连接 RK，完成小袖片样板设计。

（11）确定袖开衩。与袖外缝线平行，K 点向外作宽度 4cm，长度 11cm（外）、12cm（内）不规则矩形，确定为袖开衩。

（12）确定袖片纱向线。袖片纱向线与袖山高线垂直。

（13）测量袖窿弧线长。确定袖山的吃缝量（袖山弧线与衣身的袖窿弧长 AH 的尺寸差），检查是否合适。本款式的吃缝量为 6~9cm。通常情况下，袖子的袖山弧线长都会大于衣身的袖窿弧线长。而这个长出的量就是袖子的袖山吃势。吃势是服装中的专用术语，简单地说，两片需要缝合在一起的裁片的长度差值即为吃势。反映到袖子上，一般袖山曲线长会长于袖窿曲线长，其差值就是袖窿的吃势。在袖子袖山高已经确定的前提下，袖子的吃势是由衣身袖窿弧线的长短减去袖山曲线的长短来确定的。可以通过调整袖山曲线的弧度来控制吃势的大小。在袖子的袖山上作出吃势是为了使袖子的袖山头更加圆顺并富有立体感。袖山的吃势量要根据服装款式的造型和所选用面料的厚薄来确定，一般是袖山越高，面料相对越厚时，其袖山的吃势量就要求越多；反之，袖山越低，所选用的面料越薄，其袖山的吃势量就要求越少。吃势量的大小要根据袖子的绱袖位置、角度以及布料的性能适量决定。

5. 领子制图步骤

（1）进行领底呢制图，步骤如图 3-5（a）所示。

①确定领下口线。平行延长前肩线及翻驳线交于点 A。由该点起沿翻驳线向上取点 B，AB 长与后领窝长相等。以点 A 为圆心将 AB 向后旋转 2cm，得线段 AC。前领口与肩线交点向外 0.3cm，将线段 AC 平行移至此点，得线段 $A'C'$。前领窝点向右平移 0.3cm 取点 D，沿前领口下口画直线，连接曲线 $C'D$，定为领下口线。

②确定领中心线。过点 C' 作 $A'C'$ 的垂线 $C'E$，长度 6.7cm，定为领中心线。

③确定前领台线。过点 G 作线段 FG，长度 3.5cm（角度按设计要求），定为前领台线。

④确定领外口线。过点 E 作领中心线垂线，以此线为切线，连接前领台线外点 F，曲线画顺为领外口线，完成领底呢样板设计。

⑤确定领底呢纱向线。领底呢纱向线与领中线呈45°夹角。

（2）进行领面制图，步骤如图3-5（b）所示。

①确定领底呢外口弧线、画顺翻领外领口线。前肩线与领底呢外口交点A向后1cm确定为点B。后领中点C向下1.5cm取点D，连接BD并延长0.3cm，确定点E，将此线与领底呢外口弧线画顺，并均匀向外推放0.2cm，定为翻领外领口线。

②确定领腰线。过点E作领外口垂线EF，长度为6.7cm。过点F作与EF垂直的曲线，顺连至前肩线与领呢交点G，再至领底呢下口前端点，在EF上取点H，HF长度为2.7cm。曲线顺连点H、翻领线与前肩线交点I、翻领线与领下口交点，完成领腰线。领前端均匀向外推放0.2cm。

③确定领面。将领腰线分成三等份，保持翻领外口及座领下口长度不变，在三个等分点处进行收省折叠，叠量共1cm，完成领面设计，如图3-5（c）所示。

④确定领面纱向线。领面纱向线与领后中线平行，如图3-5（d）所示。

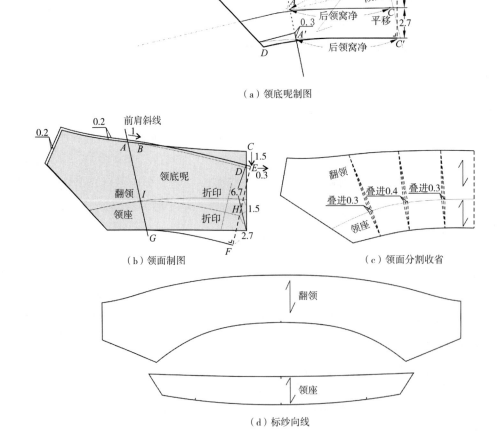

（a）领底呢制图

（b）领面制图

（c）领面分割收省

（d）标纱向线

图3-5　平驳头三粒扣男西服领结构图

二、青果领商务男西服结构制图

（一）青果领商务男西服款式图（图3-6）

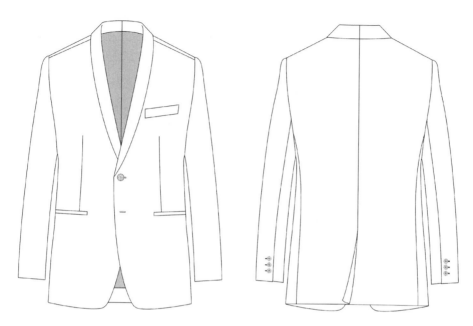

图 3-6　青果领商务男西服款式图

（二）青果领西服成衣规格（表3-2）

表3-2　青果领西服成衣规格　　　　　　　　　　　　　　　单位：cm

规格	衣长	袖长	胸围	肩宽	下摆大	袖口大
175/92A	76	61	108	46	113	30

（三）青果领西服的制图步骤

1. 后片制图步骤（图3-7）

（1）作后中心线。先作一条上水平辅助线，垂直向底摆方向作长度为76cm的垂线为后中心线，交点为后颈点。

（2）作后领宽。在上水平辅助线上距离后颈点8.6cm取点为后领宽点。

（3）作后领深。从后领宽点垂直向上作后领宽长度的$\frac{1}{3}$，即2.9cm，端点为侧颈点。

（4）作后领口弧线。将后领宽三等分，连接侧颈点、远离后颈点的三等分点和后颈点，修顺弧线即为后领口弧线。

（5）作后肩线。过侧颈点作水平辅助线。在上水平辅助线上距离后颈点量取23cm作后中心线的平行线与过侧颈点的水平辅助线相交于点 A，从该点向下摆方向量取4cm为点 B（肩斜度为21°）。连接侧颈点和 B 点，在线段的中心处垂直于线段向内凹0.3cm。修顺弧线即为后肩线。

（6）作下水平辅助线。过后中心线的下端点作上水平辅助线的平行线。

（7）作后背宽线。由 B 点向后中心线方向水平量取1.6cm，再向底摆方向作垂线，并延长至下水平辅助线，与肩线交于点 C。

（8）作后片胸围线。在后颈点垂直向底摆方向量取27.7cm处作水平线，与后背宽线交于点 D。

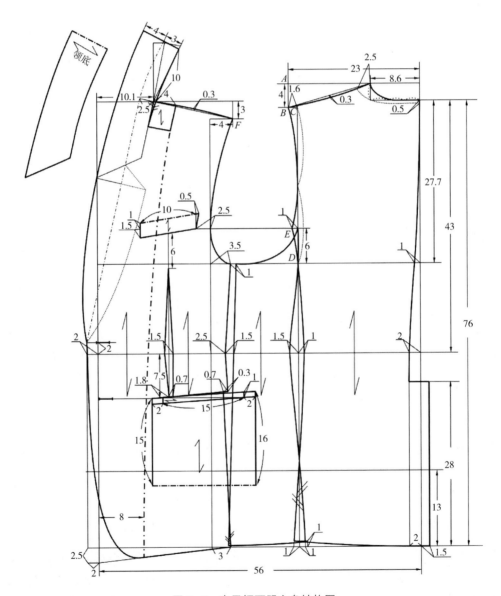

图 3-7　青果领西服衣身结构图

（9）作后片袖窿弧线。由后片胸围线与后背宽线的交点处向上水平线方向取6cm，再水平向外取1cm定为点E。连接点B和点E，并与后背宽线相切于点C与点D的二分之一处，修顺弧线，在上端与肩线互相垂直。

（10）作腰围线。在后颈点垂直向底摆方向量取43cm处作水平线为腰围线。

（11）作后背缝线。在后中心线与胸围线、腰围线的交点处分别收进1cm、2cm，与后颈点连接，并向下延长至下水平辅助线，按照图示修顺弧线。

（12）作后开衩。后开衩长28cm，宽3.5cm，按照图示作出后开衩。

（13）作侧缝线。在背宽线与腰围线、下水平辅助线的交点处分别向后中心线方向收进和放出1cm，并与点E连接，按照图示修顺弧线。

（14）作底边线。在背宽线和下水平辅助线的交点处向上取1cm作水平线，与侧缝线交于一点，连接该点和后中心线的下端点，按照图示修顺弧线，使两段分别与侧缝线和后中心线垂直。

2. 前片制图步骤（图3-7）

（1）作水平辅助线。延长后片的上水平线、胸围线、腰围线、臀围线、下水平辅助线。

（2）作前中心线。参照图示，平行后中心线56cm处作竖直线，与前片的水平辅助线均相交，即为前中心线。

（3）作门襟止口线。距离前中心线2cm作前中心线的平行线，延长至下水平辅助线。

（4）定侧颈点。过前中心线与上水平辅助线的交点向后中心线方向取后领宽长度+1.5cm即10.1cm为前片的侧颈点。

（5）作前肩线。由上水平线向下水平线量取3cm作水平线，过侧颈点向该水平线取后肩线长度-0.7cm，即15cm画弧交于点F。连接侧颈点和点F，在线段的中心处垂直于线段外凸0.3cm，修顺弧线即为前肩线。

（6）作前胸宽线。过点F向前中心线作水平线段，长度取4cm，再向底边方向作垂线，并延长至下水平辅助线。

（7）画袖窿线。过前胸宽线与胸围线的交点向后中心线方向量取3.5cm为前腋下点，参照图示，画顺袖窿线，袖窿线与前胸宽线相切。

（8）定胸袋。胸袋宽2.5cm、长10cm，起翘量为1.5cm，且距离胸宽线2.5cm。

（9）定胸省位。省尖点对准胸袋的中心处，距离胸袋底端6cm，过省尖点向底边方向作垂直线至腰围线，并延长7.5cm，参照图示，省宽1.5cm，胸省底端间距0.7cm。

（10）定双线袋位。从距胸省左下端点水平1.8cm处作双线袋，尺寸为宽1cm、长15cm，起翘量为1cm。参照图示，画双线袋。

（11）作口袋位。从双线袋位的左右端点分别向外延伸2cm后分别向下15cm和16cm处定点并连接。

（12）作前片侧缝线。从胸围线、下水平辅助线与胸宽线的交点分别向后中心线方向取3.5cm、3cm与前片腋下点相连，并延长至下水平辅助线。过前片前侧缝线与双线袋的交点分别向上水平线方向取0.3cm，向前中心线方向取0.7cm，参照图示，修改并画顺前侧缝线。

（13）作腋下片袖窿线。腋下片袖窿深右端点与后片袖窿深点的水平线的间距为1cm，参照图示，画前侧片袖窿线。

（14）作腋下片前侧缝线。从腰围线与胸宽线交点向后中心线方向取4cm，与腋下片的前腋下点连接并延长至下水平线。

（15）作腋下片后侧缝线。从腰围线、下水平辅助线与背宽线的交点分别向前后中心线方向取1.5m、1cm，按照图示连接各点并画顺弧线。

（16）作门襟线和底边线。延长前片腰围线与止口线相交，交点向上取2cm为驳头止点。过止口线和下水平辅助线的交点向下延长2.5cm，再向后中心线方向延长2cm后与前片侧缝线下端点连接。按照款式要求画门襟线和底边线，保证需缝合在一起的线段长度相等和每个衣片的下摆角度呈直角。

（17）作扣位。腰围线与前中心线的交点向上取2cm为第一粒扣的扣位。袋口线上端点的水平线与前中心的交点为第二粒扣的扣位。

3. 青果领制图步骤（图3-7）

（1）作领翻折线。由侧颈点沿肩线向外延长2.5cm，确定领翻折线起点，与驳头止点相连。

（2）作青果领形状。参照图示，在翻折线右侧画青果领形状，再以翻折线为对称轴，将青果领的形状拷贝至左侧。

（3）作后片翻领外口弧线。由侧颈点向肩点方向取2.5，在后颈点向下摆取0.5cm，画出圆顺的领外口弧线。

（4）作出后翻领。延长领翻折线，以侧颈点向上作延长翻折线的平行线，由侧颈点向上取后领口弧线长为10cm，确定后颈点，成为后绱领辅助线（领底线）。由后颈点作后绱领辅助线垂线，画出后中心线，再定出领宽7cm（后翻领宽4cm，后底领宽3cm）。并作直角线画出外领口辅助线，形成一个长方形。

（5）作领倒伏量。以侧颈点为圆心，以后领口弧线长为半径，旋转后绱领口线，展开领外口线到所需的尺寸。基本驳领的倒伏量是2.5cm左右。在后中心线与倒伏后的绱领辅助线垂直画线，取后底领宽和后翻领宽。

（6）作后翻领型。在后中心线上由领宽点画后翻领外口线，与前翻领外口线连成流畅的领外口线。领子后中心线与领外口线部分垂直，以保证领子外口线圆顺。

（7）作贴边线。从侧颈点向肩点量取4cm，前中心线下端向侧缝线方向量取8cm，按照图示连接，并修顺贴边线。

4. 袖片制图步骤（图3-8）

（1）作衣身袖窿弧线。复制前后片及腋下片的袖窿弧线。

（2）作落山线。过腋下点作水平线。

（3）作袖窿深（AHL）。连接前后肩点，过其二等分点向袖口方向作垂直线。

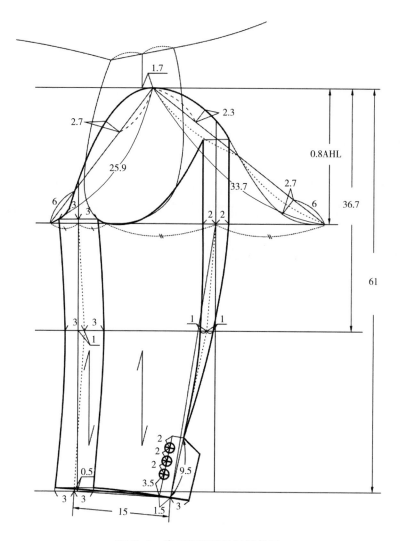

图 3-8 青果领西服袖子结构图

（4）作落山高。袖山高点距离落山线 0.8AHL。

（5）作袖山高点。与落山高的上端点的间距为 1.7cm。

（6）作袖肥。过袖山高点向落山线作长为 25.9cm、33.7cm 的袖山斜线，两交点的间距为袖肥。

（7）作袖长。距袖山高点所在的水平线 61cm 作袖口辅助线。

（8）作袖肘线。袖肘线与袖山高点所在的水平线的距离为 36.7cm。

（9）作大袖片的袖窿线。参照图示，画顺弧线。

（10）作前袖宽中线。参照图示，根据大袖片袖窿线左端点与腋下点的中垂线定出的 4 个基准点，使用弧线连线、画顺。

（11）作袖口宽。过袖宽中线的下端点作袖中线的垂线，取 15cm。

（12）作大、小外缝线。参照图示，根据前袖宽中线定出的 6 个基准点，使用弧线连接、画顺。

（13）作后袖宽中线。参照图示，作后袖宽中线，腋下点与后袖山斜线的端点的中垂点为分界线，后袖宽中线的上半部分为直线，下半部分为曲线。

（14）作大、小内缝线。参照图示，根据后袖宽中线的基准点和其形状，使用弧线连接、画顺。

（15）作小袖片袖窿线。参照图示，画小袖片袖窿线。

（16）作袖开衩的形状。参照图示，画宽3cm、长9.5cm的袖开衩。

（17）作袖扣位。作后袖缝线底端的平行线，与大内缝线的间距为1.5cm，第一粒扣位距袖口线3.5cm，第二粒扣与第一粒扣的间距为2cm，第三粒扣与第二粒扣的间距也是2cm。

三、翻驳领商务男西服结构制图

（一）翻驳领男西服款式图（图3-9）

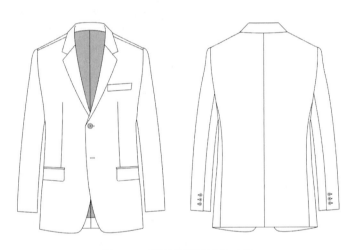

图3-9 翻驳领男西服款式图

（二）翻驳领男西服成衣规格（表3-3）

表3-3 翻驳领男西服成衣规格　　　　　　　　　　　　　　　　　单位：cm

规格	衣长	袖长	胸围	肩宽	下摆大	袖口大
175/92A	76	61	108	46	113	30

（三）翻驳领男西服制图步骤

1. 后片制图步骤（图3-10）

（1）作后中心线。先作一条上水平辅助线，向底边方向作长76cm的垂线作为后中心线，交点为后颈点。

（2）作后领宽。在上水平辅助线上距离后颈点取8.6cm为后领宽点。

（3）作后领深。从后领宽点垂直向上作后领宽长度的$\frac{1}{3}$即2.9cm，端点为侧颈点。

（4）作后领口弧线。将后领宽三等分，连接侧颈点、远离后颈点的三等分点和后颈点，修顺弧线即为后领口弧线。

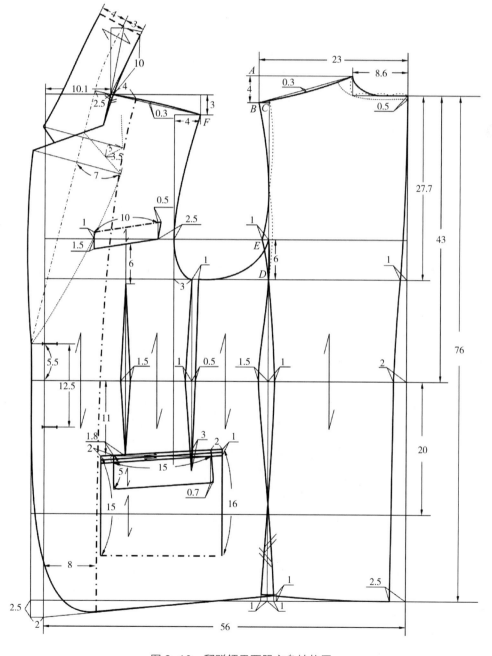

图 3-10 翻驳领男西服衣身结构图

（5）作后肩线。过侧颈点作水平辅助线。在上水平辅助线上距离后颈点量取23cm，作后中心线的平行线与过侧颈点的水平辅助线相交于点A，从该点向底边方向量取4cm为点B（肩斜度为21°）。连接侧颈点和点B，在线段的中心处垂直于线段向内凹0.3cm。修顺弧线即为后肩线。

（6）作下水平辅助线。过后中心线的下端点作上水平辅助线的平行线。

（7）作后背宽线。由点B向后中心线方向水平量取1.6cm，再向底边方向作垂线，并延长至下水平辅助线，与肩线交于点C。

（8）作后片胸围线。在后颈点垂直向底边方向量取27.7cm处作水平线，与后背宽线交于点D。

（9）作后片袖窿弧线。由后片胸围线与后背宽线的交点处向上水平线方向取6cm，再水平向外取1cm定为点E。连接点B和点E，并与后背宽线相切于点C与点D的$\frac{1}{2}$处，修顺弧线，在上端与肩线互相垂直。

（10）作腰围线。在后颈点垂直向底边方向量取43cm处作水平线。

（11）作后背缝线。在后中心线与胸围线、腰围线、下水平辅助线的交点处分别收进1cm、2cm、2.5cm，并与后颈点连接，按照图示修顺弧线。

（12）作侧缝线。在背宽线与腰围线、下水平辅助线的交点处分别向后中心线方向收进和放出1cm，并与点E连接，按照图示修顺弧线。

（13）作底摆线。在背宽线和下水平辅助线的交点处向上取1cm作水平线，与侧缝线交于一点，连接该点和后中心线的下端点，按照图示修顺弧线，使两段分别与侧缝线和后中心线垂直。

2. **前片制图步骤**（图3-10）

（1）作水平辅助线。延长后片的上水平线、胸围线、腰围线、臀围线、下水平辅助线。

（2）作前中心线。参照图示，在平行于后中心线56cm处作竖直线，与前片的水平辅助线均相交，即为前中心线。

（3）作门襟止口线。距离前中心线2cm作前中心线的平行线，延长至下水平辅助线。

（4）定侧颈点。过前中心线与上水平辅助线的交点，向后中心线方向取后领宽长度+1.5cm，即10.1cm作为前片的侧颈点。

（5）作前肩线。由上水平线向下水平线量取3cm作水平线。过侧颈点向该水平线取后肩线长度-0.7cm即15cm画弧交于点F。连接侧颈点和点F，在线段的中心处垂直于线段外凸0.3cm，修顺弧线即为前肩线。

（6）作前胸宽线。过点F向前中心线作水平线段，长度取4cm，再向底边方向作垂线，并延长至下水平辅助线。

（7）画袖窿线。过前胸宽线与胸围线的交点向后中心线方向量取3cm为前腋下点，分割宽度为1cm，袖窿深右端点与后片袖窿深点的水平线的间距为1cm。参照图示，画顺袖窿线，袖窿线与前胸宽线相切。

（8）定胸袋。胸袋宽2.5cm、长10cm，起翘量为1.5cm，且距离胸宽线2.5cm。

（9）定胸省位。省尖点对准胸袋的中心处，距离胸袋底端6cm，过省尖点向底摆方向作垂线至腰围线，并延长11cm，参照图示，省宽1.5cm。

（10）定双线袋位。从距胸省左下端点水平1.8cm处作双线袋，尺寸为宽1cm、长15cm，起翘量为1cm。参照图示，画双线袋。

（11）作袋布。从双线袋位的左右端点分别向外延伸2cm后分别向下作15cm和16cm并连接。

（12）作前片侧缝线。从腰围线、下水平辅助线与背宽线的交点分别向前后中心线方向取1.5m、1cm，按照图示连接各点，并画顺弧线。

（13）作腋下省。从腋下点向下水平线方向作垂线，与袋位的上端相交后向下延伸3cm，按照图示，在与腰围线相交的部分往前后中心线方向各取1cm和0.5cm定位，连接各点。

（14）作门襟线和底边线。延长前片腰围线与止口线相交，交点为驳头止点。过止口线和下水平辅助线的交点向下延长2.5cm，再向后中心线方向延长2.5cm后与前片侧缝线下端点连接。按照款式要求画门襟线和底边线。保证每个衣片的下摆角度为直角。

（15）作扣位。腰围线与前中心线的交点处向上5.5cm为第一粒扣的扣位。向下水平线方向取12.5cm为第二粒扣的扣位。

3. 翻驳领制图步骤（图3-10）

（1）作领翻折线。由侧颈点沿肩线向外延长2.5cm，确定领翻折线起点，与驳头止点相连。

（2）作翻驳领形状。参照图示，在翻折线右侧画出翻驳领形状，再以翻折线为对称轴，将翻驳领的形状拷贝至左侧。

（3）作后片翻领外口弧线。由侧颈点向肩点方向取2.5cm，在后颈点向底边方向取0.5cm，画出圆顺的领外口弧线。

（4）作出后翻领。延长领翻折线，以侧颈点向上作延长翻折线的平行线，由侧颈点向上取后领口弧线长为10cm，确定后颈点，成为后绱领辅助线（领底线）。由后颈点作后绱领辅助线垂线，画出后中心线，再定出领宽7cm（后翻领宽4cm，后底领宽3cm）。并作直角线画出外领口辅助线，形成一个长方形。

（5）作领倒伏量。以侧颈点为圆心，以后领口弧线长为半径，旋转后绱领口线，展开领外口线到所需的尺寸。倒伏量取3.5cm左右。在后中心线与倒伏后的绱领辅助线垂直画线，取后底领宽和后翻领宽。

（6）作后翻领型。在后中心线上由领宽点画后翻领外口线，与前翻领外口线连成流畅的领外口线。领子后中心线与领外口线部分垂直，以保证领子外口线圆顺。

（7）作贴边线。从侧颈点向肩点量取4cm，前中心线下端向侧缝线方向量取8cm，按照图示连接，并修顺贴边线。

4. 袖子制图步骤（图3-11）

（1）作衣身袖窿弧线。复制前后片及腋下片的袖窿弧线。

（2）作落山线。过腋下点作水平线。

（3）作袖窿深（AHL）。连接前后肩点，过其二等分点向袖口方向作垂直线。

（4）作落山高。袖山高点距离落山线0.8AHL。

（5）作袖山高点。与落山高的上端点的间距为1.7cm。

（6）作袖肥。过袖山高点向落山线作长为25.9cm、33.7cm的袖山斜线，两交点的间距为袖肥。

（7）作袖长。距袖山高点所在的水平线61cm作袖口辅助线。

（8）作袖肘线。袖肘线与袖山高点所在的水平线的距离为36.7cm。

（9）作大袖片的袖窿线。参照图示，画顺弧线。

（10）作前袖宽中线。参照图示，根据大袖片袖窿线左端点与腋下点的中垂线定出的4个基准点，使用弧线连线、画顺。

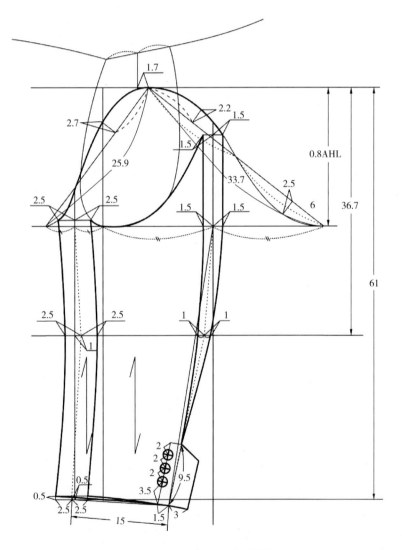

图3-11　翻驳领男西服袖子结构图

（11）作袖口宽。过袖宽中线的下端点作垂线，取15cm。

（12）作大、小外缝线。参照图示，根据前袖宽中线定出的6个基准点，使用弧线连接、画顺。

（13）作后袖宽中线。参照图示，作后袖宽中线，腋下点与后袖山斜线的端点的中垂点为分界线，后袖宽中线的上半部分为直线，下半部分为曲线。

（14）作大、小内缝线。参照图示，根据后袖宽中线的基准点和其形状，使用弧线连接、画顺。

（15）作小袖片袖窿线。参照图示，画小袖片袖窿线。

（16）作袖衩的形状。参照图示，画宽3cm、长9.5cm的袖衩。

（17）作袖扣位。作后袖缝线底端的平行线，长度取9.5cm，与大内缝线的间距为1.5cm，第一粒扣位距袖口3.5cm，第二粒扣与第一粒扣的间距为2cm，第三粒扣与第二粒扣的间距也是2cm。

四、明贴袋男西服结构制图

（一）明贴袋男西服款式图（图3-12）

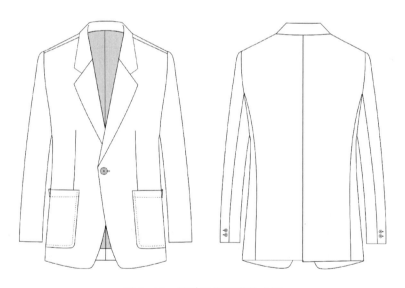

图3-12　明贴袋男西服款式图

（二）明贴袋男西服成衣规格（表3-4）

表3-4　明贴袋男西服成衣规格　　　　　　　　　　　　　　单位：cm

规格	衣长	袖长	胸围	腰围	肩宽	背长	下摆大
175/92A	75	60	120	106	52	44	106

（三）明贴袋男西服结构制图

1. 后片制图步骤（图3-13）

（1）作后中心线。先作出上水平辅助线，垂直向底边方向取75cm为后中心线。

（2）作后领宽、后领深。后领宽为9.9cm，后领深为2.6cm。领口弧线可平分为三段，靠近后颈点的$\frac{2}{3}$为直线，从此处开始呈弧线。

（3）作后肩线。先作辅助肩线，后中线至后肩点的水平距离为$\frac{肩宽}{2}$，为26cm。向底边方向垂直取5cm，作为肩线的倾斜度，连接侧颈点和后肩点，作弧线为肩线。

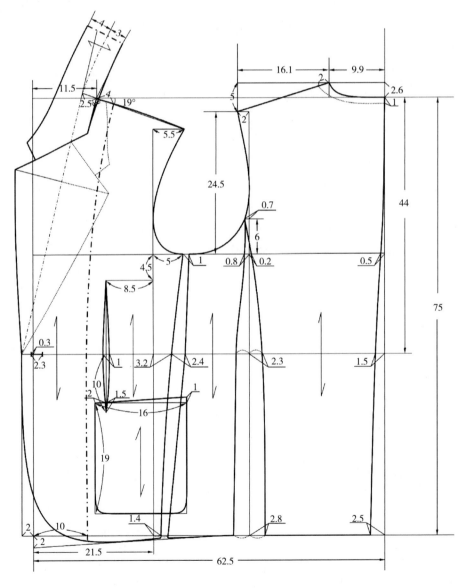

图3-13　明贴袋男西服衣身结构图

（4）作后背宽线。从后肩点向后中方向水平取2cm作垂线。

（5）作后中线。在胸围线上向前中心线方向取0.5cm，在腰围线处向前中心线取1.5cm，在底边辅助线向前中心线取2.5cm，用平滑的曲线连接各点。

（6）作袖窿深线。从后肩点垂直向下量取24.5cm。

（7）作后袖窿深。后袖窿深点距离袖窿深线的垂直距离为6cm，距离背宽线0.7cm。

（8）作腰围线。从后颈点垂直向下量取44cm作水平线。

（9）作底边线辅助线。从后颈点量取75cm作水平线。

（10）作后袖窿弧线。连接肩点、后背省尖点和腋下点，作袖窿弧线。其与肩线的夹角大致为90°，保证与前片缝合后能保持平整。

（11）作后侧缝线。在袖窿深线、腰围线、底边线上以背宽线为基准向前中线方向取0.2cm、2.3cm、2.8cm。用平滑曲线将后袖窿深点与三个点连接成线。

（12）作底边线。连接两个底边点，调整曲线注意后摆和侧摆的角度互补。

2. 前片制图步骤（图3-13）

（1）作前中心线。延长后片袖窿深线，以后中线为基础，量取62.5cm作铅直线。

（2）作门襟线。平行前中心线2cm作铅直线。

（3）作上平线。将后片的上平线延长和前片的铅直线相交。

（4）作腰线和下平线。延长后片腰线、下平线分别与前中心线相交。

（5）作前开领宽。从前中线与上平线的交点向右量取11.5cm，作前领宽点。

（6）作前肩线辅助线。以前领宽点和上平线为基础，量取19°作直线，长度为后肩线长度加放量。

（7）作前肩线。将肩线辅助线微微抬升，符合男子肩部形状。

（8）作胸宽线。以前中心线为基础，水平量取21.5cm作铅直线交于下平线。

（9）作侧缝线。在袖窿深线、腰围线、下平线上以胸宽线为基准分别向侧缝方向取5cm、3.2cm、1.4cm，用平滑曲线将三个点进行连接。

（10）作腰省。距胸围线4.5cm、距胸宽线8.5cm作为省尖点。从省尖点竖直量取至腰围线以下10cm。省宽1cm用平滑曲线连接两个省尖点。

（11）作口袋位。在省尖点上取1.5cm向前中方向取2cm，确定袋位点，从袋位点作一条长为16cm的水平线，右端再上抬1cm作一条斜线，使口袋在视觉上平行于底边。向下19cm为口袋长度。画出口袋的框架，然后修正圆角。

（12）作底边线辅助线。底摆的起翘量为2cm，如图所示作底边辅助线。

（13）作底边线和前端线。以前端线和底边辅助线为基础，作弧线相切于前端辅助线和底边辅助线，西服的前端下摆按照款式图进行圆角化处理。

（14）作前袖窿弧线。用平滑曲线连接前肩点和袖窿底点，曲线切于胸宽线。

（15）作扣位。扣位在腰围线上，距前中线0.3cm，扣眼大2.3cm。

（16）作贴边线。在前肩线上距前侧颈点4cm作点，在下平线距前中线10cm作点，用平滑曲线连接两点。

3. 侧片制图步骤（图3-13）

（1）作侧片的后侧缝线。在袖窿深线、腰线、下平线的基础上，以背宽线为基础向后中心线方向取0.8cm、2.3cm、2.8cm，并用平滑曲线连接后袖窿深点和三个点。

（2）作侧片的前侧缝线。在袖窿深线、腰围线、下平线的基础上以前侧缝线为基础向后中方向取1cm、2.4cm、1.4cm，用平滑曲线连接三个点。

（3）连接底边弧线。用平滑的曲线连接底边。

（4）作袖窿弧线。如图3-13所示，用平滑的曲线连接袖窿弧线。

4. 领片制图步骤（图3-13）

（1）作领翻折线。先由前侧颈点沿肩线延长2.5cm，确定领翻折线起点。将第一粒扣位延长至前止口边，确定领翻折线止点。连接领翻折线起止点，作出领翻折线。

（2）作串口线。串口线与翻折线形成的角度为50°。

（3）作驳领和前翻领部分。按照款式图画出驳领和翻领，以翻折线为对称轴，将所画驳领和翻领画在对称轴的另一边。

（4）作后翻领部分。从后肩线由侧颈点向肩点方向取2cm，从后颈点向底边方向取1cm，设计后翻领宽4cm，后底领宽3cm，由侧颈点与该点连线。画出后翻领上的领外口弧线，并调整领外口线的圆顺程度。

（5）作出后翻领。延长领翻折线，以侧颈点向上作延长翻驳线的平行线，由侧颈点向上取后领口弧线长，确定后颈点，成为后绱领辅助线（领底线）。由后颈点作后绱领辅助线垂线，画出后中心线，再定出领宽7cm（后翻领宽4cm，后底领宽3cm），并作直角线，画出外领口辅助线，形成一个长方形。

（6）作领倒伏量。以侧颈点为圆心，以后领口弧线长为半径，旋转后绱领口线，展开领外口线到所需的尺寸，基本驳领的倒伏量是2.5cm左右。在后中心线与倒伏后的绱领辅助线处画垂线，取后底领宽和后翻领宽。

（7）作后翻领型。在后中心线上由领宽点画后翻领外口线，与前翻领外口线连成流畅的领外口线。领子后中心线与领外口线部分垂直，以保证领子外口线圆顺。

5. 袖片制图步骤（图3-14）

（1）作大袖的上平线。连接前后肩点，在线段的中点向下竖直量取4.5cm，作水平线作为大袖的上平线。

（2）作小袖的上平线。从大袖的上平线垂直向下量6cm，作为小袖的上平线。

（3）作袖中线。将腰围线抬升1cm作为袖中线。

（4）作袖长线。从上平线垂直量取59cm作水平线。

（5）作定位点。定位点距袖窿深线2.5cm，距胸宽线0.7cm。

（6）作袖山点。量取定位点到前肩点的弧长，以定位点为圆心，以定位点到前肩点的弧长为半径与上平线相交，交点即为袖山点。

（7）作大袖袖山弧线止点。量取小袖的上平线与后袖窿弧线的交点到后肩点的弧线长度，以袖山点为圆心，弧线长度为半径，交小袖上平线于一点，这一点即大袖袖山弧线止点。

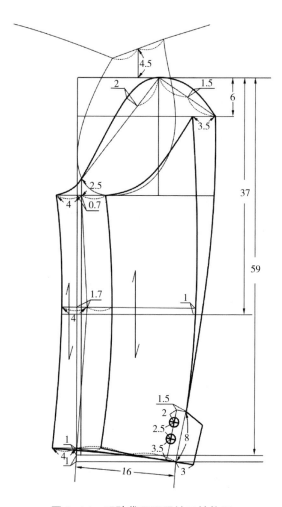

图 3-14 明贴袋男西服袖子结构图

（8）作大袖袖山弧线。按照图示作袖山弧线，注意袖山顶点到大袖衫弧线止点的吃势因尺寸变化不定，此款建议吃势为0.8cm。

（9）作袖口。袖口长度为16cm，袖口上翘1cm。

（10）作大袖偏折辅助线。在袖窿深线、袖中线、袖口线上以胸宽线为基础向袖中方向分别取0.7cm、1.7cm、0cm，并用平滑的曲线连接，作为大袖偏折辅助线。

（11）作大袖的后侧缝。以袖肥为准，调整大袖的后侧缝。

（12）作大袖前袖山弧线止点。在袖窿深线上以胸宽线为基础延长3.3cm得到此点。

（13）作大袖的前侧缝线。以大袖偏折辅助线为基础作平行线，平行线间距为4cm。

（14）作小袖的前侧缝线。以大袖偏折辅助线为基础作平行线，平行线间距为4cm。

（15）作小袖袖山顶点。以大袖袖山弧线止点为基础作水平线，向左量取3.5cm确定此点。

（16）作小袖的后侧缝线。以袖子肥度为基准调整小袖的后侧缝线，并调整线段的长度和大袖的后侧缝线长度相等。

（17）作小袖片袖山弧线。调整小袖片袖山弧线使小袖片和大袖片角度互补。

（18）作小袖片袖底线。如图所示，用平滑弧线连接小袖袖底线，使袖底线与侧缝线保持垂直。

（19）作扣位。本款西服为两粒袖扣，距后袖偏线1.5cm作平行线，在该线上由袖口向上取3.5cm，扣距2.5cm，距开衩顶点2cm。

五、双嵌线带袋盖式男西服结构制图

（一）双嵌线带袋盖式男西服款式图（图3-15）

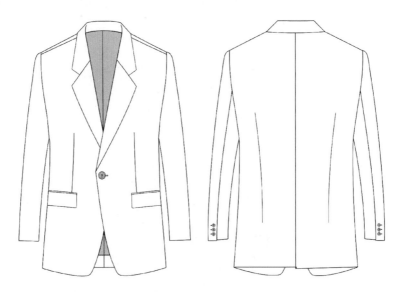

图3-15　双嵌线带袋盖式男西服款式图

（二）双嵌线带袋盖式男西服成衣规格（表3-5）

表3-5　双嵌线带袋盖式男西服成衣规格　　　　　　　　　　　单位：cm

规格	衣长	袖长	胸围	肩宽	腰围	背长	下摆大
175/92B	75	60	122	52	114	44	118

（三）双嵌线带袋盖式男西服衣身结构图

1. 后片制图步骤（图3-16）

（1）作后中心线辅助线，上、下平线。先作出上水平辅助线，垂直向底边方向取75cm为后中心线辅助线，作后中心线辅助线的垂线为结构图的上平线和下平线。

（2）作后领宽、后领深。后领宽为9.9cm，后领深为2.6cm。领口弧线平分为三段，靠近后颈点的$\frac{2}{3}$为直线，从此处开始呈弧线。

（3）作肩辅助线。从侧颈点作水平线，以水平线为基准线，从侧颈点量取18°作一条线段作为肩线辅助线。从后中线水平量取$\frac{肩宽}{2}$作垂线，两条线段交于后肩点。

（4）作后背宽线。从后肩点向后中方向水平取2cm作垂线。

（5）作袖窿深线。从后肩点垂直向下量取24.5cm。

（6）作后袖窿深。后袖窿深点距离袖窿深线的垂直距离为6cm，距离背宽线0.7cm。

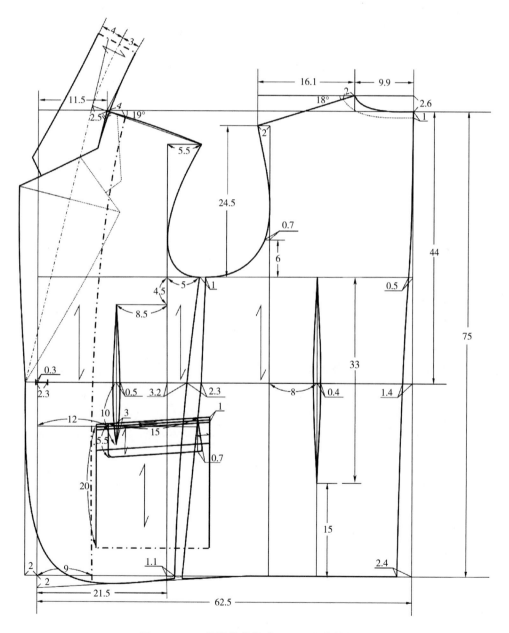

图3-16　双嵌线带袋盖式男西服衣身结构图

（7）作腰围线。从后颈点垂直向下量取44cm，作水平线。

（8）作后中线。在袖窿深线、腰围线、底边线与后中线辅助线交点的基础，向侧缝方向上分别取0.5cm、1.4cm、2.4cm，用平滑曲线将各点连接。

（9）作后袖窿弧线。用平滑弧线连接后肩点和后袖窿深点并切于背宽线，注意前后肩角互补，前后袖窿弧线平滑。

（10）作侧缝线。在袖窿深线、腰围线、底边线上以前侧缝线为基准向后中方向取1cm、2.3cm、1.1cm，用平滑曲线将后袖窿深点同三个点连接成线。

（11）作底边线。连接两个下摆点，调整曲线注意后摆和前摆的角度互补。

（12）作背省。下省尖点距下平线15cm，距背宽线8cm，省大0.8cm，省长33cm。

2. **前片制图步骤**（图3-16）

（1）作前中心线。延长后片袖窿深线，以后中线为基础，水平量取62.5cm作铅直线。

（2）作上平线。将后片的上平线延长和前片的铅直线相交。

（3）作腰围线和下平线。延长后片腰围线、底边线分别与前中心线相交。

（4）作门襟。平行前中心线2cm作直线。

（5）作前开领宽。从前中线与上平线的交点向右量取11.5cm，作出前领宽点。

（6）作前肩线辅助线。以前领宽点和上平线为基础，量取19°作直线，长度为后肩线长度加放量。

（7）作前肩线。将肩线辅助线微微抬升，符合男子肩部形状。

（8）作胸宽线。以前中线为基础，水平量取21.5cm作铅直线交于下平线。

（9）作侧缝线。在袖窿深线、腰围线、下平线上以胸宽线为基准向后中方向取5cm、3.2cm、1.1cm，用平滑曲线将三个点进行连接。

（10）作腰省。以胸围线为基准向下平线方向竖直量取4.5cm作水平线，以胸宽线为基准线向前中线方向水平量取8cm作铅直线，两直线交点作为省尖点。从省尖点竖直量至腰线以下10cm，省宽1cm，用平滑曲线连接两个省尖点。

（11）作口袋位。如图所示，从省尖点向上量取3cm，距前中线12cm确定袋位。作一条长为15cm的水平线，右端再上抬1cm作一条斜线，使口袋在视觉上平行于底边。作平行于袋口线上下各0.5cm的双开线，袋盖宽5.5cm，由上口开线取4cm为袋垫布。袋盖按照款式图进行圆角化处理。袋布比袋口大4cm，袋深20cm。

（12）作底边线辅助线。底摆的起翘量为2cm，如图所示作底边辅助线。

（13）作底边线和前端线。以前端线和底边辅助线为基础，作弧线相切于前端辅助线和底边辅助线，西服的前端下摆按照款式图进行圆角化处理。

（14）作前袖窿线。用平滑曲线连接前肩点和窿底，曲线切于胸宽线。

（15）作扣位。在腰围线上，距前中线0.3cm，扣眼大2.3cm。

（16）作贴边线。在前肩线上距前侧颈点4cm作点，在下平线距前中线9cm处作点，用平滑曲线连接两点。

3.袖子制图步骤（图3-17）

（1）作大袖的上平线。连接前后肩点，在线段的中点竖直向下量取4.5cm，作水平线作为大袖的上平线。

（2）作小袖的上平线。从大袖的上平线垂直向下量取6cm，作为小袖的上平线。

（3）作袖中线。将腰围线抬升1cm作为袖中线。

（4）作袖长线。从上平线垂直量取59cm作水平线。

（5）作定位点。定位点距袖窿深线2.5cm，距胸宽线0.7cm。

（6）作袖山点。量取定位点到前肩点的弧长，以定位点为圆心，以定位点到前肩点的弧长为半径与袖窿深浅相交，交点即为袖山点。

（7）作大袖袖山弧线止点。量取小袖的上平线与后袖窿弧线的交点到后肩点的弧线长度，以袖山点为圆心，弧线长度为半径，交小袖上平线于一点，这一点即为大袖袖山弧线止点。

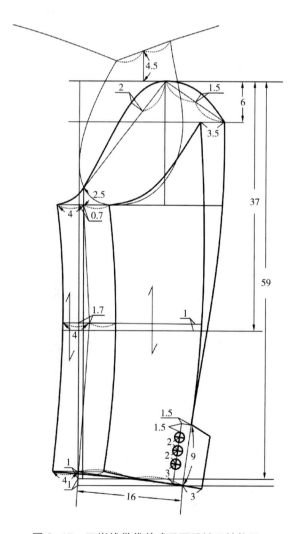

图3-17　双嵌线带袋盖式男西服袖子结构图

（8）作大袖袖山弧线。按照图示作袖山弧线，注意定位点到袖山顶点弧线吃势为1.3cm，袖山顶点到大袖袖山弧线止点的吃势为0.8cm。

（9）作袖口线。袖口线长度为16cm，袖口上翘1cm。

（10）作大袖偏折辅助线。在袖窿深线、袖中线、袖口线上以胸宽线为基础向袖中方向取0.7cm、1.7cm、0cm，并用平滑的曲线连接，作为大袖偏折辅助线。

（11）作大袖的后侧缝。以袖肥为准，调整大袖的后侧缝。

（12）作大袖前袖山弧线止点。在袖窿深线上以胸宽线为基础延长3.3cm得到此点。

（13）作大袖的前侧缝线。以大袖偏折辅助线为基础作平行线，平行线间距为4cm。

（14）作小袖的前侧缝线。以大袖偏折辅助线为基础作平行线，平行线间距为4cm。

（15）作小袖袖山顶点。以大袖袖山弧线止点为基础作水平线，向左量取3.5cm确定此点。

（16）作小袖的后侧缝线。以袖子肥度为基准调整小袖的后侧缝线，并调整线段的长度和大袖的后侧缝线长度相等。

（17）作小袖片袖山弧线。调整小袖片袖山弧线使小袖片和大袖片角度互补。

（18）作小袖片袖底线。如图所示，用平滑弧线连接小袖袖底线，使袖底线与侧缝线保持垂直。

（19）作扣位。本款西服为三粒袖扣，距后袖偏线1.5cm作平行线，在该线上由袖口向上取3cm，扣距2cm，距开衩顶点1.5cm。

六、戗驳领男西服结构制图

（一）戗驳领男西服款式图（图3-18）

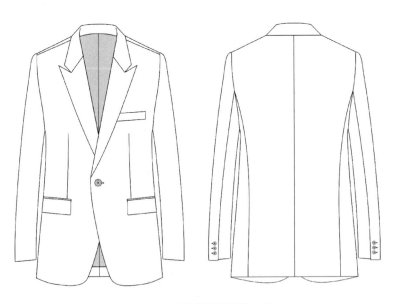

图3-18　戗驳领男西服款式图

（二）戗驳领男西服成衣规格（表3-6）

表3-6 戗驳领男西服成衣规格 单位：cm

规格	衣长	袖长	胸围	腰围	肩宽	背长	下摆大
175/92A	75	61.5	120	104	52	44	122

（三）戗驳领男西服结构制图

1. 后片制图步骤（图3-19）

（1）作上平线和后中心线辅助线。作一条水平线和竖直线，两条线段相交，作为制图的上平线和后中线辅助线。

（2）作后辅助线领宽。从后颈点量取后领宽9.9cm。

（3）作后领深。从后领宽点向上量取2.6cm，标注侧颈点。

（4）作肩线辅助线。从侧颈点作水平线，以水平线为基准线，从侧颈点量取18°作一条线段作为肩线辅助线。从后中线水平量取$\frac{肩宽}{2}$作垂线，两条线段交于后肩点。

（5）作后背宽线。背宽线距后中线的水平距离为24cm。

（6）作袖窿深线。从后肩点垂直向下量取24.5cm。

（7）作后袖窿深。后袖窿深点距离袖窿深线的垂直为距离6cm，距离背宽线0.7cm。

（8）作腰围线。从后颈点垂直向下量取44cm作水平线。

（9）作底边线辅助线。从后颈点向下量取75cm作水平线。

（10）作后中线。在袖窿深线、腰围线、底边线在后中线辅助线的基础上分别向侧缝方向取0.5cm、1.5cm、2.5cm，用平滑曲线将各点连接。

（11）作后领弧线。领圈弧线可分为三段，靠近后颈点的位置几乎为直线，在线段的三分之一处呈弧线。

（12）作后袖窿弧线。用平滑弧线连接后肩点和后袖窿深点并切于背宽线，注意前后肩角互补，前后袖窿弧线平滑。

（13）作侧缝线。在袖窿深线、腰围线、底边线上以背宽线为基准向后中方向取0.3cm、2.8cm、0cm，用平滑曲线将后袖窿深点同三个点连接成线。

（14）作底边线。连接两个下摆点，调整曲线注意后摆和侧摆的角度互补。

2. 前片制图步骤（图3-19）

（1）作前中心线。以后中线为基础，水平量取62.5cm作铅直线。

（2）作上平线。将后片的上平线延长和前片的铅直线相交。

（3）作腰围线和下平线。延长后片腰围线、下平线分别与前中心线相交。

（4）作门襟线。平行前中心线2cm作直线。

（5）作前开领宽。从前中线与上平线的交点向右量取11.5cm，作出前领宽点。

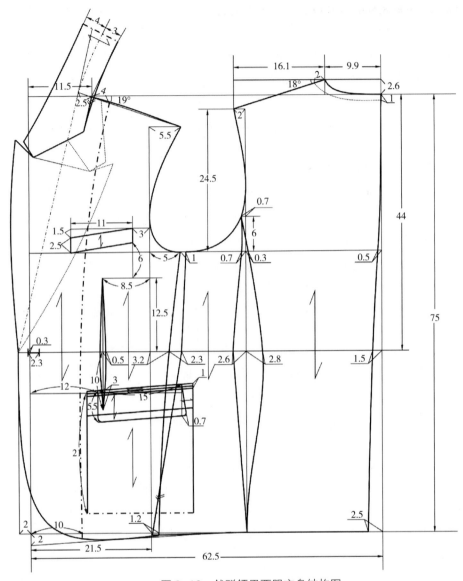

图 3-19　戗驳领男西服衣身结构图

（6）作前肩线辅助线。以前领宽点和上平线为基础，量取19°作直线，长度为后肩线长度加放量。

（7）作前肩线。将肩线辅助线微微抬升，符合男子肩部形状。

（8）作胸宽线。以前中线为基础，水平量取21.5cm作铅直线交于下平线。

（9）作侧缝线。在袖窿深线、腰围线、下平线上以胸宽线为基准向侧缝方向取5cm、3.2cm、1cm，用平滑曲线将三个点进行连接。

（10）作胸袋。胸袋口距上平线23cm，距离胸宽线3cm，袋口大11cm，袋口下翘1.5cm，胸袋口宽2.5cm。

（11）作腰省。以胸袋袋位为基础朝下平线方向竖直量取8.5cm，以胸宽线为基准线朝前中线方向水平量取8.5cm作为省尖点。从省尖点竖直量取腰线以下10cm，省宽1cm，用平滑曲线连接两个省尖点。

（12）作口袋。如图所示，从省尖点向下量取3cm，距前中线12cm确定袋位。作一条长为15cm的水平线，右端再上抬1cm作一条斜线，使口袋在视觉上平行于底边。作平行于袋口线上下各0.5cm的双开线，袋盖宽5.5cm，由上口开线取4cm为袋垫布。袋盖按照款式图进行圆角化处理。袋布比袋口大4cm，袋深21cm。

（13）作底边线辅助线。底摆的起翘量为2cm，如图所示作底边辅助线。

（14）作底边线和前端线。以前端线和底边辅助线为基础，作弧线相切于前端辅助线和底边辅助线，西服的前端下摆按照款式图进行圆角化处理。

（15）作前袖窿线。用平滑曲线连接前肩点和窿底，曲线切于胸宽线。

（16）作扣位。在腰围线上，距前中线0.3cm，扣眼大2.3cm。

（17）作贴边线。在前肩线上距前侧颈点4cm作点，在下平线距前中线10cm处作点，用平滑曲线连接两点。

3. 侧片制图步骤（图3-19）

（1）作侧片的后侧缝线。在袖窿深线、腰围线、下平线的基础上以背宽线为基础向前中方向取0.7cm、2.6cm、0cm并用平滑曲线连接后袖窿深点和三个点。

（2）作侧片的前侧缝线。在袖窿深线、腰围线的基础上以前侧缝线为基础向后中方向取1cm、2.3cm，下平线上以前侧缝线为基础向前中方向取1.2cm，用平滑曲线连接三个点。

（3）连接底边弧线。用平滑的曲线连接底边线。

（4）作袖窿弧线。如图所示，用平滑的曲线连接袖窿弧线。

4. 领片制图步骤（图3-19）

（1）作领翻折线。先由前侧颈点沿肩线延长2.5cm，确定领翻折线起点。将第一粒扣位延长至前止口边，确定领翻折线止点。连接领翻折线起止点，作出领翻折线。

（2）作串口线。串口线与翻折线形成的角度为50°。

（3）作驳领和前翻领部分。按照款式图画出驳领和翻领，以翻折线为对称轴，将所画驳领和翻领画在对称轴的另一边。

（4）作后翻领部分。在后肩线由侧颈点向肩点方向取2cm，在后颈点向下摆取1cm，设计后翻领宽4cm，后底领宽3cm，由侧颈点与该点连线。面出后翻领上的领外口弧线，并调整领外口线的圆顺程度。

（5）作出后翻领。延长领翻折线，以侧颈点向上作延长翻驳线的平行线，由侧颈点向上取后领口弧线长，确定后颈点，成为后绱领辅助线（领底线）。由后颈点作后绱领辅助线垂线，画出后中心线，再定出领宽7cm（后翻领宽4cm，后底领宽3cm），并作直角线画出外领口辅助线，形成一个长方形。

（6）作领倒伏量。以侧颈点为圆心，以后领口弧线长为半径，旋转后绱领口线，展开领外口线到所需的尺寸。基本驳领的倒伏量是2.5cm左右。在后中心线与倒伏后的绱领辅助线画垂线，取后底领宽和后翻领宽。

（7）作后翻领型。在后中心线上由领宽点画后翻领外口线，与前翻领外口线连成流畅的领外口线。领子后中心线与领外口线部分垂直，以保证领子外口线圆顺。

5. **袖片制图步骤**（图3-20）

（1）作大袖的上平线。连接前后肩点，在线段的中点竖直向下量取3.5cm，作水平线作为大袖的上平线。

（2）作小袖的上平线。从大袖的上平线垂直向下量取5.2cm，作为小袖的上平线。

（3）作袖中线，将腰围线抬升1cm作为袖中线。

（4）作袖长线。从上平线垂直向下量取60.5cm作水平线。

（5）作定位点。定位点距袖窿深线2.5cm，距胸宽线0.7cm。

（6）作袖山点。量取定位点到前肩点的弧长，以定位点为圆心，以定位点到前肩点的弧长为半径与上平线相交，交点即袖山点。

（7）作大袖袖山弧线止点。量取小袖的上平线与后袖窿弧线的交点到后肩点的弧线长度，以袖山点为圆心，弧线长度为半径，交于小袖上平线于一点，这一点即大袖袖山弧线止点。

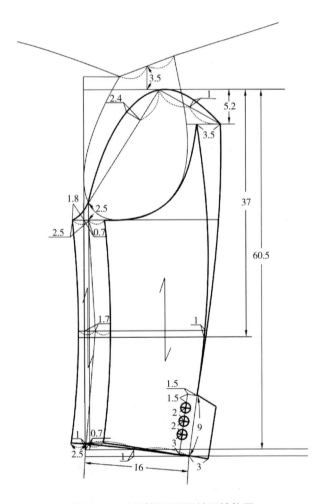

图3-20　戗驳领男西服袖子结构图

（8）作大袖袖山弧线。按照图示作袖山弧线，注意袖山顶点到大袖衫弧线止点的吃势因尺寸变化而定，此款建议吃势为0.8cm。

（9）作袖口。袖口长度为16cm，袖口上翘1cm。

（10）作大袖偏折辅助线。在袖窿深线、袖中线、袖口线上以胸宽线为基础向袖中方向取0.7cm、1.7cm、0cm，并用平滑的曲线连接作为大袖偏折辅助线。

（11）作大袖的后侧缝。以袖肥为准，调整大袖的后侧缝。

（12）作大袖前袖山弧线止点。在袖窿深线上以胸宽线为基础延长1.8cm得到此点。

（13）作大袖的前侧缝线。以大袖偏折辅助线为基础作平行线，平行线间距为2.5cm。

（14）作小袖的前侧缝线。以大袖偏折辅助线为基础作平行线，平行线间距为2.5cm。

（15）作小袖袖山顶点。以大袖袖山弧线止点为基础作水平线，向左量取3.5cm确定此点。

（16）作小袖的后侧缝线。以袖子肥度为基准调整小袖的后侧缝线，并调整线段的长度和大袖的后侧缝线长度相等。

（17）作小袖片袖山弧线。调整小袖片袖山弧线使小袖片和大袖片角度互补。

（18）作小袖片袖底线。如图所示，用平滑弧线连接小袖袖底线，使袖底线与侧缝线保持垂直。

（19）作扣位。本款西服为三粒袖扣，距后袖偏线1.5cm作平行线，在该线上由袖口向上取3cm，扣距2cm，距开衩顶点1.5cm。

七、三开身休闲男西服结构制图

（一）三开身休闲男西服款式图（图3-21）

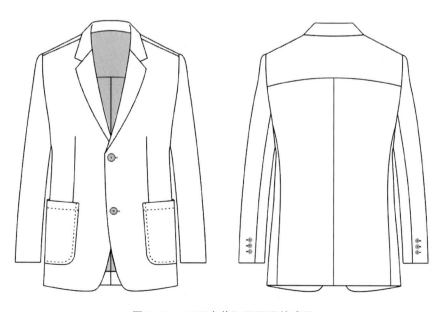

图 3-21　三开身休闲男西服款式图

（二）三开身休闲男西服成衣规格（表3-7）

表3-7　三开身休闲男西服成衣规格　　　　　　　　单位：cm

规格	衣长	袖长	胸围	腰围	肩宽	下摆大
175/92A	75	59	108	97	44	105

（三）三开身休闲男西服结构制图

1. 后片制图步骤（图3-22）

（1）作后中心线辅助线。先作出上水平辅助线，垂直向底边方向取75cm为后中心线辅助线。

（2）作后领宽、后领深。后领宽为9cm，后领深为3cm。领口弧线可平分为三段，靠近后颈点的$\frac{2}{3}$为直线，从此处开始呈弧线。

（3）作后肩线。先作肩线辅助线，后中线至点A的水平距离为$\frac{肩宽}{2}$，为22cm。辅助肩线点A向底边方向4cm取B点，作为肩线的倾斜度，连接侧颈点和点B，作弧线为肩线。

（4）作后背宽线。从点B水平向右取1.5cm作垂线。

（5）作后中线。在腰围辅助线处向前中心线方向取2.5cm，在底边辅助线向前中心线方向取3.5cm，连接各点。

（6）作育克分割线。从后颈点向底边方向取10cm为育克线。作水平辅助线，在水平辅助线中心处开始作弧线，两条分隔线间隔0.5cm。

（7）作后胸围线。从腋下点到后中线的直线距离为31cm。

（8）作后袖窿弧线。连接肩点、后背省尖点和腋下点，作袖窿弧线。其与肩线的夹角大致为90°，保证与前片缝合后保持平整。

（9）作后侧缝线。在后背宽线上距胸围线向上取5cm，作为侧缝分割线的尖点向下作垂线，在与腰围线的交点处向左取1.5cm，向右取1cm，在底边左右重叠量为1cm。

（10）作底边线。后侧缝下摆止口在底边辅助线上上抬1cm，连接侧缝线与后中线，保证夹角为直角。

2. 前片制图步骤（图3-22）

（1）作水平辅助线。延长后片的上水平线、胸围线、腰围线、臀围线、下水平辅助线。

（2）作前中心线。参照图示，平行于后中心线56cm作竖直线，与前片的水平辅助线均相交，即为前中心线。

（3）作门襟止口线。距离前中心线2cm作前中心线的平行线，延长至下水平辅助线。

（4）侧颈点。过前中心线与上水平辅助线的交点向后中心线方向取后领宽长度+1.5cm，即10.5cm为前片的侧颈点。

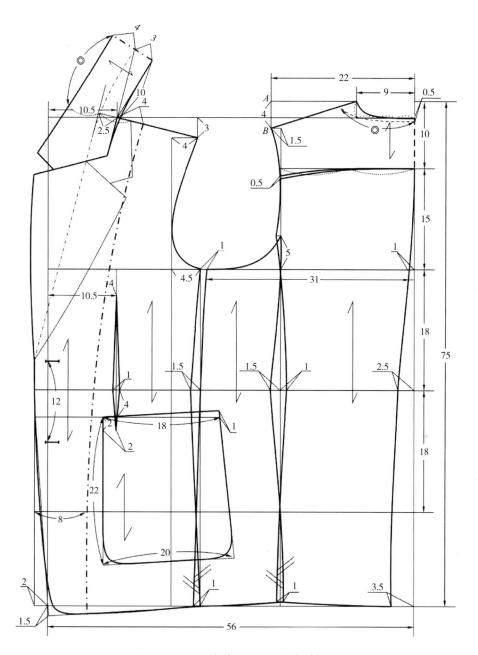

图 3-22　三开身休闲男西服衣身结构图

（5）作前肩线。距上水平线向下水平线量取 3cm 作水平线。过侧颈点向该水平线取后肩线长度 -0.7cm 为前肩线长度。

（6）作前胸宽线。过肩点向前中心线作水平线段，长度取 4cm，再向底边方向作垂线，并延长至下水平辅助线。

（7）画袖窿线。过前胸宽线与胸围线的交点向后中心线方向量取 4.5cm 为前腋下点，分割线宽度为 1cm，袖窿深右端点与后片袖窿深点的水平线的间距为 1cm。参照图示，画顺袖窿线，袖窿线与前胸宽线相切。

（8）作口袋位。在腰围线以下4cm处作一条长为18cm的水平线，右端再上抬1cm作一条斜线，作出口袋的上口线，使口袋在视觉上平行于底边。口袋深22cm。作平行于上口线的斜线，画出口袋的框架，然后修正圆角。

（9）作腋下分割线。连接后腋下点与腰围线和胸宽线延长线的交点并延长，向前片1cm作为前腋下分割线，与口袋省的分割线相交，在底边有1cm的重叠量。

（10）作腰省。省尖点位于距离前中心线10.5cm，距离胸围线4cm处，向下作垂线，省宽1cm，省尖点在距离口袋上口线下2cm处。

（11）作底边线。前片底边线在基准线的基础上向下1.5cm，要保证每个衣片的下摆角度为直角，才能完全缝合。

（12）作扣位。本款西服共有2颗纽扣，扣间距为12cm。

（13）作贴边线。在侧颈点向肩点取4cm，在臀围线上由前中心线向后中方向取8cm，连接两点作弧线。

3. 领子制图步骤（图3-22）

（1）作领翻折线。由侧颈点沿肩线向外延长2.5cm，确定领翻折线起点，与驳头止点相连。

（2）作翻驳领形状。参照图示，在翻折线右侧画出翻驳领形状，再以翻折线为对称轴，将翻驳领的形状拷贝至左侧。

（3）作后片翻领外口弧线。由侧颈点向肩点方向取2.5cm，在后颈点向底边方向取0.5cm，画出圆顺的领外口弧线。

（4）作出后翻领。延长领翻折线，以侧颈点向上作延长翻折线的平行线，由侧颈点向上取后领口弧线长为10cm，确定后颈点，成为后缩领辅助线（领底线）。由后颈点作后缩领辅助线垂线，画出后中心线，再定出领宽7cm（后翻领宽4cm，后底领宽3cm），并作直角线画出外领口辅助线，形成一个长方形。

（5）作领倒伏量。以侧颈点为圆心，以后领口弧线长为半径，旋转后缩领口线，展开领外口线到所需的尺寸。倒伏量取2.5cm左右，在后中心线与倒伏后的缩领辅助线垂直画线，取后底领宽和后翻领宽。

（6）作后翻领型。在后中心线上由领宽点画后翻领外口线，与前翻领外口线连成流畅的领外口线。领子后中心线与领外口线部分垂直，以保证领子外口线圆顺。

4. 袖子制图步骤（图3-23）

（1）作大袖上平线。在后袖窿弧线上从肩点向底边方向取弧线3cm，作水平线，长为19cm。

（2）作小袖上平线。从袖窿底线向上取12cm，作等长平行线。

（3）作袖中线。从腰围线向上提1cm确定。

（4）作袖山高。以大袖上平线与右侧垂直线的交点为起点向袖窿深线量取长度为$\frac{AH}{2}+$

1cm。

（5）作大袖袖窿弧线。袖肥线向上取0.7cm为一个点，取$\dfrac{上平线}{4}$处向前片方向移0.5cm的点，取$\dfrac{上平线}{2}$向后片2cm的点，连接各点，取其中点向上1cm作弧线，修圆顺。

（6）作小袖袖窿弧线。在大袖右腋下点向左3cm处取点，袖肥线与左侧垂直线交点向右3cm再向上0.8cm处取点，连接两点作弧线，修圆顺。

（7）作袖长斜线。实际线段长度为袖长+1.5cm。

（8）作大袖偏袖翻折线。连接在袖肥线上距离垂直辅助线3cm处的点，袖中线上距离前侧垂直线1.5cm的点，修圆顺。

（9）作大小袖内缝线。距离翻折线3cm，平行于翻折线。

（10）作大小袖外缝线。在袖肥线与右侧辅助线交点向右取2cm，与肘中线交点向右2.5cm，分别连接其两端与袖口止点作圆顺弧线。

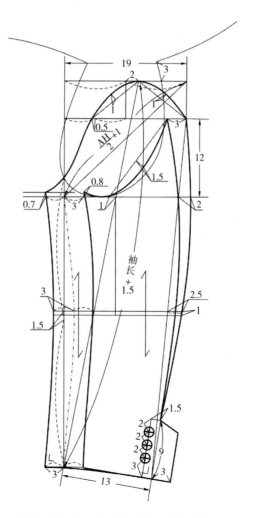

图3-23 三开身休闲男西服袖子结构图

（11）作袖口。袖口宽为13cm，连接小袖内缝线和外缝线，再连接大袖前后侧缝线。

（12）作袖开衩。本款西服为三粒袖扣，距后袖偏线1.5cm绘制平行线，在该线上由袖口向上取3cm，扣距2cm，距开衩顶点2cm。袖衩长为9cm，宽为3cm。

八、三开身戗驳头男西服结构制图

（一）三开身戗驳头男西服款式图（图3-24）

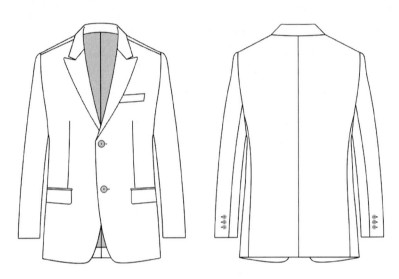

图3-24　三开身戗驳头男西服款式图

（二）三开身戗驳头男西服成衣规格（表3-8）

表3-8　三开身戗驳头男西服规格　　　　　　　　单位：cm

规格	衣长	袖长	胸围	腰围	肩宽	下摆大
175/92A	75	59	108	97	44	105

（三）三开身戗驳头男西服结构制图

1. 后片制图步骤（图3-25）

（1）作后中心线辅助线。先作出上水平辅助线，垂直向下摆方向取75cm为后中心线辅助线。

（2）作后领宽、后领深。后领宽为9cm，后领深为3cm。领口弧线可平分为三段，靠近后颈点的$\frac{2}{3}$为直线，从此处开始呈弧线。

（3）作后肩线。先作肩线辅助线，后中线至点A的水平距离为$\frac{肩宽}{2}$，为22cm。点A向下摆方向4cm取点B，作为肩线的倾斜度，连接侧颈点和点B，作弧线为肩线。

（4）作后背宽线。从点B水平向右取1.5cm作垂线。

（5）作后中线。在腰围辅助线处向前中心线取2.5cm，在底边辅助线向前中心线方向取3.5cm，连接各点。

（6）作后袖窿弧线。连接肩点、后背省尖点和腋下点，作袖窿弧线。其与肩线的夹角大致为90°，保证与前片缝合后保持平整。

（7）作后侧缝线。在后背宽线上距胸围线5cm取点，作为侧缝分割线的尖点向下作垂线，在与腰围线的交点处向左取1.5cm，向右取1cm，在底边左右重叠量为1cm。

（8）作底边线。后侧缝下摆止口在下摆辅助线上上抬1cm，连接侧缝线与后中线，保证两个角为直角。

2. 前片制图步骤（图3-25）

（1）作水平辅助线。延长后片的上水平线、胸围线、腰围线、臀围线、下水平辅助线。

（2）作前中心线。参照图示，平行于后中心线56cm作竖直线，与前片的水平辅助线均相交，即为前中心线。

（3）作门襟止口线。距离前中心线2cm作前中心线的平行线，延长至下水平辅助线。

（4）定侧颈点。过前中心线与上水平辅助线的交点，向后中心线方向取后领宽长度+1.5cm，即10.5cm为前片的侧颈点。

（5）作前肩线。距上水平线向下水平线量取3cm作水平线。过侧颈点向该水平线取后肩线长度减0.7cm为前肩线长度。

（6）作前胸宽线。过肩点向前中心线作水平线段，长度取4cm，再向底边方向作垂线，并延长至下水平辅助线。

（7）画袖窿线。过前胸宽线与胸围线的交点向后中心线方向量取4.5cm为前腋下点，分割线宽度为1cm，袖窿深右端点与后片袖窿深点的水平线的间距为1cm。参照图示，画顺袖窿线，袖窿线与前胸宽线相切。

（8）定胸袋。胸袋宽2.5cm，长10cm，起翘量为1.5cm，且距离胸宽线2cm。

（9）定胸省位。省尖点对准胸袋的中心处，距离胸袋底端6cm，过省尖点向底边方向作垂直线至腰围线，并延长10cm，参照图示，省宽1cm。

（10）定双线袋位。从距胸省左下端点水平2cm处作双线袋，宽1cm，长15cm，起翘量为1cm。参照图示，画双线袋。

（11）作口袋位。从双线袋位的左右端点分别向外延伸2cm后分别向下作18cm和19cm并连接。

（12）作前片侧缝线。前侧缝线在腰围线处向后中心线方向取1.5m，按照图示连接各点并画顺弧线。

（13）作门襟线和底边线。延长前片腰围线与止口线相交，交点为驳头止点。过止口线和下水平辅助线的交点向下延长1.5cm，再向后中心线方向延长1.5cm后与前片侧缝线下端点连接。按照款式要求画门襟线和底边线。保证每个衣片的下摆角度为直角。

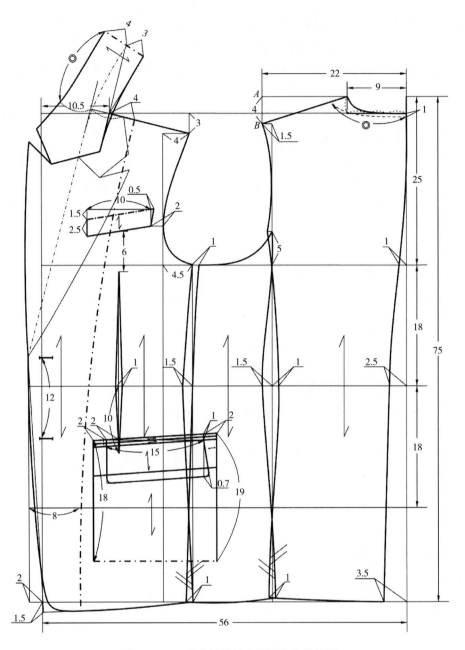

图 3-25　三开身戗驳头男西服衣身结构图

（14）作扣位。腰围线与前中心线的交点处为第一粒扣的扣位。向下水平线方向取12cm为第二粒扣的扣位。

（15）作贴边线。在侧颈点处向肩点方向取4cm，在臀围线与前中心线交点水平向后中取8cm，连接两点作弧线。

3. 领子制图步骤（图3-25）

（1）作领翻折线。先由前侧颈点沿肩线延长2.5cm，确定领翻折线起点。将第一粒扣位延长至前止口边，确定领翻折线止点。连接领翻折线起止点，作出领翻折线。

（2）作串口线。根据服装款式作出领串口线。

（3）作戗驳领和前翻领部分。按照款式图画出戗驳领领型，以翻折线为对称轴，将所画戗驳领和翻领画在对称轴的另一边。

（4）作后翻领部分。在后肩线由侧颈点向肩点方向取设计量值，在后颈点向下摆取1cm，该尺寸是由设定的后翻领宽4cm，后底领宽3cm，由侧颈点与该点连线。画出后翻领上的领外口弧线。

（5）作出后翻领。延长领翻折线，以侧颈点向上作延长翻折线的平行线，由侧颈点向上取后领口弧线长，确定后颈点，成为后绱领辅助线（领底线）。

（6）作领倒伏量。以侧颈点为圆心，以后领口弧线长为半径，旋转后绱领口线，展开领外口线到所需的尺寸。基本驳领的倒伏量是2.5cm左右。在后中心线与倒伏后的绱领辅助线垂直画线，取后底领宽和后翻领宽。

（7）作后翻领型。在后中心线上由领宽点画后翻领外口线，与前翻领外口线连成流畅的领外口线。领子后中心线与领外口线部分垂直，以保证领子外口线圆顺。

4. 袖子制图步骤（图3-26）

（1）作大袖上平线。在后袖窿弧线上从肩点向底边方向取弧线3cm，作水平线，长为19cm。

（2）作小袖上平线。从袖窿底线向上取12cm，作等长平行线。

（3）作袖中线。从腰围线向上提1cm确定。

（4）作袖山高。以大袖上平线与右侧垂直线的交点为起点向袖窿深量取长度为$\frac{AH}{2}+1cm$。

（5）作大袖袖窿弧线。袖肥线向上取0.7cm为一个点，取上平线的$\frac{1}{4}$处向前片方向移0.5cm的点，取上平线的$\frac{1}{2}$处向后片2cm的点，连接各点，取其中点向上1cm作弧线，修圆顺。

（6）作小袖袖窿弧线。在大袖右腋下点向左3cm处取点，袖肥线与左侧垂直线交点向右3cm再向上0.8cm处取点，连接两点作弧线，修圆顺。

（7）作袖长斜线。实际线段长度为袖长+1.5cm。

（8）作大袖偏袖翻折线。连接在袖肥线上距离垂直辅助线3cm处的点，袖中线上距离前侧垂直线1.5cm的点，修圆顺。

（9）作大小袖内缝线。距离翻折线3cm，平行于翻折线。

（10）作大小袖外缝线。在袖肥线与右侧辅助线交点向右取2cm，与肘中交点向右2.5cm，分别连接其两端与袖口止点作圆顺弧线。

（11）作袖口。袖口宽为13cm，连接小袖内缝线和外缝线，再连接大袖前后侧缝线。

（12）作袖衩。本款西服为三粒袖扣，距后袖偏线1.5cm绘制平行线，在该线上由袖口向上取3cm，扣距2cm，距开衩顶点2cm。袖衩长为9cm，宽为3cm。

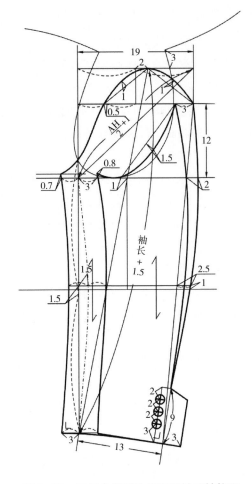

图 3-26　三开身戗驳头男西服袖子结构图

第二节　男西服纸样制作

　　制板是服装工业化生产中的一个重要技术环节。制板即打制服装工业样板，是将设计师或客户所要求的立体服装款式根据一定的数据、公式或通过立体构成的方法，分解为平面的服装结构图形，并结合服装工艺要求加放缝份等制作成纸型。服装工业样板（工业纸样）是服装工业化生产中进行排料、划样、裁剪的一种模版，为服装缝制、后整理提供了便利，同时又是检验产品形状、规格、质量的技术依据。

　　纸样是将作图的轮廓线拓在其他纸上，剪下来使用的纸型。作为成衣纸样设计，需考虑生产问题，因此绘制完纸样必须做成生产性样板，作为单件设计和带有研制性的基本造型纸样更是如此，这是树立设计专业化和产品标准观念的基本训练。纸样制作是指对一些纸样结构进行修改，使之达到美化人体、提高品质、减少工时、方便排料、节省用料等目的。

一、检验纸样

检验纸样是确保产品质量的重要手段，其检查内容主要包括以下几项内容：

1. 检查缝线长度

部分缝合的边线最终都应相等，如侧缝线的长度、大小和袖缝线的长度等。要保证容量的最低尺寸，如袖山曲线长大于袖窿曲线长3.5cm等。

2. 对位点的标注

检查袖窿对位点、衣身对位点，如三围线、袖肘线、驳头绱领止点等，如图3-27所示。

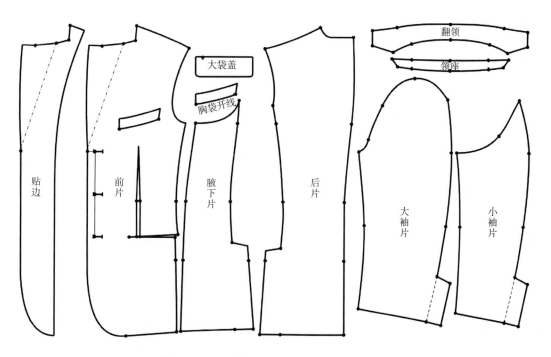

图3-27　平驳头三粒扣男西服对位点的位置

3. 纱向线的标注

纱向用于描述机织织物上纱线的纹路方向，纱向线的标注用以说明裁片排版的位置。裁片在排料裁剪时首先要通过纱向线来判断摆放的正确位置，其次要通过箭头符号来确定面料的状态。需要说明的是裁片的纱向标注必须贯穿纸样，不能只起到说明的目的，在实际裁剪中，要用直角尺或丁字尺来测量裁片纱向与布边的距离，以保证裁片纱向线两端的测量数据相等，矫正裁片的位置。

4. 工艺符号的标注

纱向的上下标注一定要清楚准确，通常纸样上有四个标注：款式名称、尺码号、裁片名称、裁片数。

所有的定位符号（扣位、袋位等）、打褶符号、工艺符号等都要标准明确。全部的纸样需画上对位记号和直丝（经纱方向）线，写上部件名称。另外，上下方向容易混同的纸样，要画出指向下方的标志线，如图3-28所示。

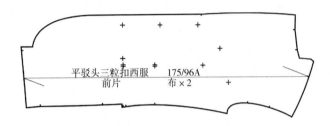

平驳头三粒扣西服 　　175/96A
前片 　　　　　　布×2

图 3-28 平驳头三粒扣男西服纱向线及工艺符号的标注

二、复核全部纸样

复核后的纸样经裁剪制成成衣，用来检验纸样是否达到了设计意图，这种纸样称为"头版"。虽然结构设计是在充分尊重原始设计资料的基础上完成的，但经过复杂的绘制过程，净样板与目标会存在一定的误差，因此应在净样板完成后对样板规格进行复核。此外，服装是由多个衣片组合而成，衣片的取料、衣片间的匹配等因素直接影响服装成品的质量，为了便于准确、快捷地缝合各衣片，样板在完成轮廓线的同时，还应标识必要的符号，以指导裁剪缝制等各工序顺利完成。

对非确认的纸样进行修改，调整甚至重新设计，再经过复核成为"复板"制成成衣，最后确认为服装生产纸样。除复核面板纸样外，还有里板纸样、衬板纸样、净板纸样等。

1. 对规格尺寸的复核

依照已给定的尺寸对纸样的各部位进行测量，围度值及长度值均须仔细核对。实际完成的纸样尺寸必须与原始设计资料给定的规格尺寸吻合。在通常情况下，原始设计资料都会给定关键部位的规格尺寸、允许的误差范围及正确的测量方法。这些关键部位因为服装款式的不同而有所不同，如胸围、腰围、衣长等。净样板完成后，必须根据原始设计资料所要求的测量方法对各关键部位进行逐一复核，保证样板尺寸满足于原始设计资料。

2. 对各缝合线的复核

服装各部件的相互衔接关系，需要在纸样制作好后，检查袖窿弧线及领口弧线是否圆顺；检查服装下摆和袖口弧线是否圆顺；检查袖山弧线和袖窿弧线长度差值；检查领口弧线和绱领口弧线长度是否相等；检查衣身前后侧缝长度、袖缝长度是否相等。不同衣片缝合时根据款式的造型要求，会做等长或不等长处理。对于要求缝合线等长的情况，净样板完成后，必须对缝合线进行复核，保证需要缝合的两条缝合线完全相等。对于不等长的情况，必须保证两条缝合线的长度差与结构设计时所要求的放量、省量、褶量或其他造型方式的需求量吻合，以达到所要求的造型效果。

3.对位记号的复核

制板完成后，为了指导后续工作必须在样板上进行必要的标识，这些标识包括对位记号、丝缕方向、面料毛向、样板名称及数量等。

（1）袖窿对位点：后袖窿对位点、前袖窿对位点、袖山点、腋下点、开衩止点、纽扣位置。

（2）衣身对位点：胸围线、腰围线、臀围线、袖中线等，如前身的纸样在省道、前中心线、驳口线、翻折点贴边位置。

（3）驳头绱领止点。

（4）领口对位点：1个后颈点、2个侧颈点。

4.样板数量的确定

服装款式多种多样，但无论繁简，服装往往都由多个衣片组成。因此在样板完成后，需核对服装各裁片的样板是否完整，并对其进行统一的编号，不能有遗漏，以保证成衣的正常生产。

第三节　男西服工业制板

在绘制服装结构制图时并不是单纯的绘制服装结构图，而是把服装款式、服装材料、服装工艺三者进行融会贯通，只有这样，才能使最后的成品服装既符合设计者的意图，又能保持服装制作的可行性。基础纸样是以设计效果图为基础制作的纸样，通过平面作图法和立体裁剪法，或者平面作图与立体裁剪结合的方法制成。用该纸样裁剪和缝合后，再去重新确认设计效果。

一、工业纸样的条件

（1）能够适应消费者穿着的尺寸及相应的体型。

（2）纸样的形状要适应材料本身的特性。

（3）不能有缝制错误。

（4）应是高效率的。

（5）必要的纸样一应俱全。

（6）可对领面、贴边、必要的外形尺寸、材料的长度等进行纸样操作。

（7）适应市场价格的用料量，可低成本制作的款式。

（8）适合设计、材料、缝制方式的缝份宽度以及对位记号等。

二、平驳头三粒扣男西服工业样板的制作

1. 面料样板缝份板制作

面料样板缝份加放，衣身片大部分为1cm，底边为4cm，后中线和后片侧缝线为1.5cm；领子翻领和领座拼接处为0.6cm，其余均为1cm；大袋盖为1cm；胸袋为1.5cm，如图3-29所示。

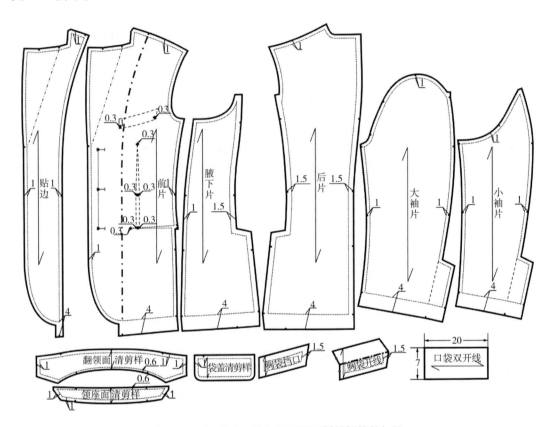

图3-29 平驳头三粒扣男西服面料样板缝份加放

2. 里料样板缝份板及内口袋的制作（图3-30、图3-31）

（1）确定前片里料。由贴边线向前中方向平行贴边线2cm作前片里缝合线。肩线抬升3.5cm，肩点处抬升3.8cm，作为长度活动褶量设计3cm，连接确定里肩线；前袖窿处外放0.7cm，前片侧缝线处抬升放1cm，前片侧缝线外放0.2cm；下摆贴边线处外放1.5cm，前片侧缝线处外放2cm。

（2）确定里袋。西装套装内侧有功能完善的口袋设计，内侧右襟有袋盖隐秘性强，适合放钱包，左襟大袋放香烟或手梳，此袋下边有一小袋用于插钢笔（也有两袋合并于大袋的设计），左襟下方有一小袋为钥匙袋。西装内袋可装较平扁、小巧的小钱包、证件、凭证、钢笔、手机。

①确定内胸大袋口位置。在胸围线上由前片里缝合线向前中方向取1cm，确定袋口位置起点。袋口长13.5cm，宽1cm，袋口位置终点要由胸围线向肩线方向抬升取1cm。

②确定钢笔袋口位置。平行于内胸大袋口位置向下 2 cm，由前片里缝合线向前中方向取1cm，确定袋口位置起点。袋口长5cm，宽1cm，袋口位置终点要由胸围线向肩线方向抬升1 cm点。

③确定钥匙袋口位置。平行于腰围线向下摆方向取4cm，由贴边线向侧缝方向取1cm，确定袋口位置起点，袋口长10cm，宽1cm，确定袋口位置终点。

（3）确定腋下片里。腋下片侧缝线外放0.2cm；后片侧缝线袖窿处外放0.2cm，下摆开衩处外放0.2cm，要注意腰围处里料的加放量为"●"，袖窿外放1cm，腋下片下摆外放2cm。

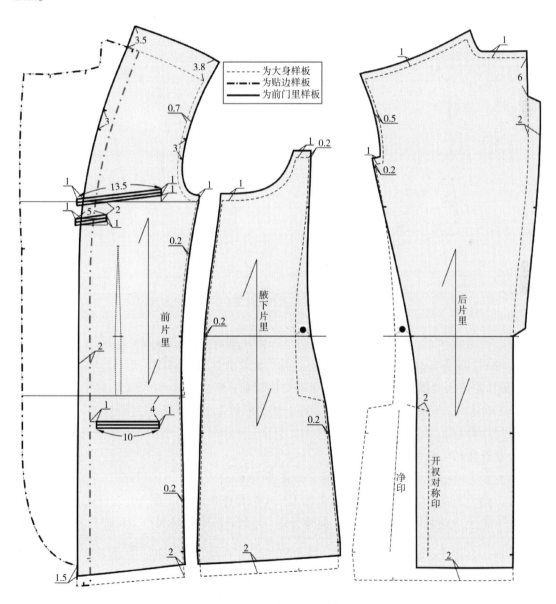

图 3-30　平驳头三粒扣男西服衣身里料样板缝份加放及内口袋结构图

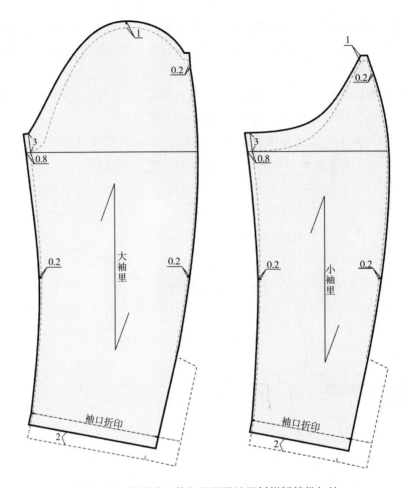

图 3-31 平驳头三粒扣男西服袖里料样板缝份加放

（4）确定后片里。后中线由后颈点向下摆方向取6cm外放2cm至腰围线，袖窿外放0.5cm，后片侧缝线袖窿处外放0.2cm，下摆开衩处由开衩对称印放2cm，后片下摆外放2cm，要注意腰围处里料要减掉腋下片里料的加放量"●"。

（5）确定大、小袖里。袖缝外放0.2cm；袖口外放2cm，袖内缝袖窿处抬升3cm，袖外缝袖窿处抬升1cm。

3. 衬料样板缝份板的制作

平驳头三粒扣男西服麻衬缝份样板，如图3-32所示。

（1）确定大身麻衬。翻驳线平行向内1.5cm作大身麻衬驳口线。大袋位向上1cm为大身麻衬下缘线。肩缝与大身缝平行，向外2cm，并取肩缝中点做刀口，长度为10cm，与驳口线平行。袖窿线与大身袖窿平行，再外放1cm，并在袖窿弧线约上$\frac{1}{3}$处开剪口，剪口大1.5cm，剪口长7~8cm。与胸省位置重叠做与胸省长度一致的省位，剪口大3cm，做麻衬纱向片与大身纱向线一致。

（2）确定马尾衬。驳口线、肩线、袖窿线与大身麻衬一致，长度以过胸围线为参考，肩部在距麻衬肩省2cm处做相同省道一处。做马尾衬纱向线，与大身纱向线呈45°角。

（3）确定胸绒。与马尾衬形状一致，与肩线一致，其他各边平行外放1cm。

（4）确定大袖条。大袖片向上3cm，外弧与袖山一致，按图示数据做大袖条。

（5）确定小袖条。袖山点向前3cm，向后至袖外缝净印止，外弧与袖山一致，按图示数据做小袖条。

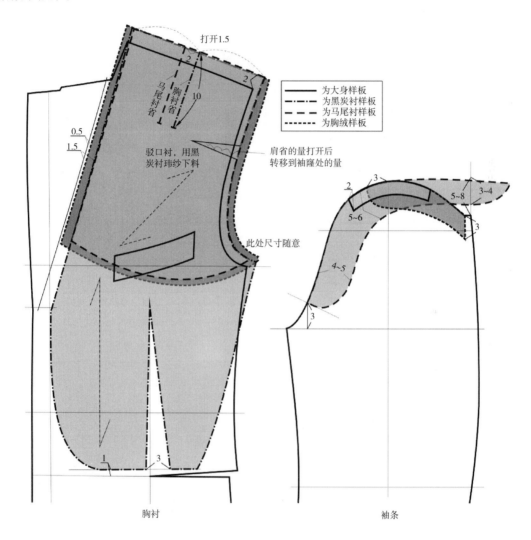

图 3-32　平驳头三粒扣男西服麻衬料缝份样板示意图

（6）确定小垫条。以袖山点为中点，做长11~12cm、宽3cm，外弧与袖山一致的小垫条。

平驳头三粒扣男西服衬料样板缝份加放时，要注意衬料样板要比面料样板小，防止粘衬时衬上的胶渗漏粘在面料上，如图3-33所示。

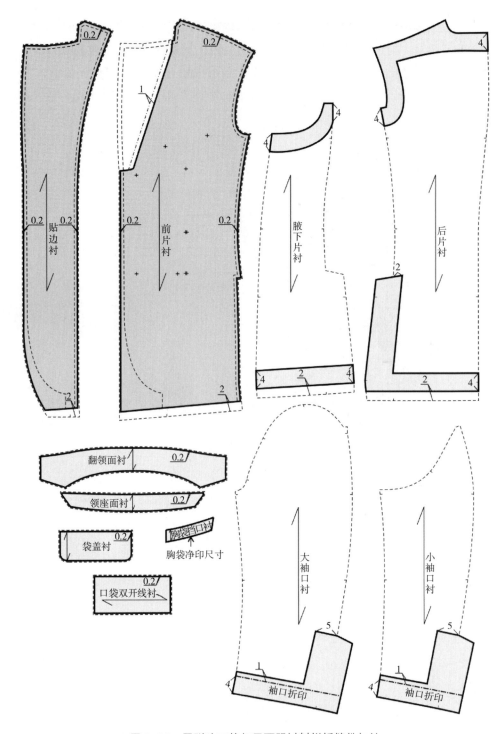

图 3-33　平驳头三粒扣男西服衬料样板缝份加放

三、平驳头三粒扣男西服工业样板

本款男西装工业样板示意图，如图 3-34~图 3-37 所示。

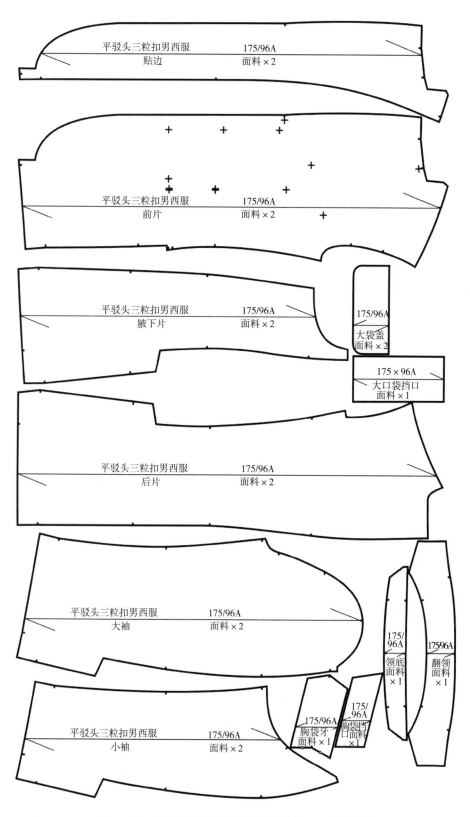

图 3-34 平驳头三粒扣男西服工业样板——面料样板

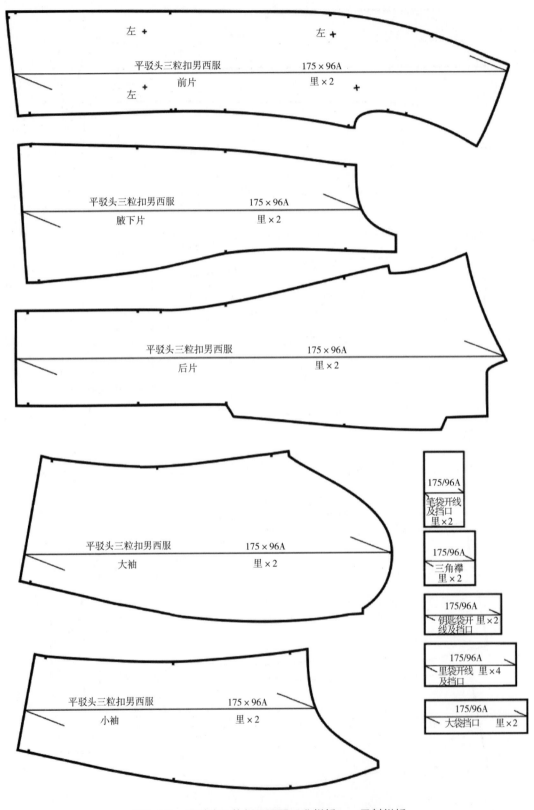

左 +

左 +

平驳头三粒扣男西服　　　　175×96A

前片　　　　里×2

左 +
+

平驳头三粒扣男西服　　　　175×96A

腋下片　　　　里×2

平驳头三粒扣男西服　　　　175×96A

后片　　　　里×2

平驳头三粒扣男西服　　　　175×96A

大袖　　　　里×2

平驳头三粒扣男西服　　　　175×96A

小袖　　　　里×2

175/96A

笔袋开线
及挡口
里×2

175/96A

三角襻
里×2

175/96A

钥匙袋开　里×2
线及挡口

175/96A

里袋开线　里×4
及挡口

175/96A

大袋挡口　　里×2

图3-35　平驳头三粒扣男西服工业样板——里料样板

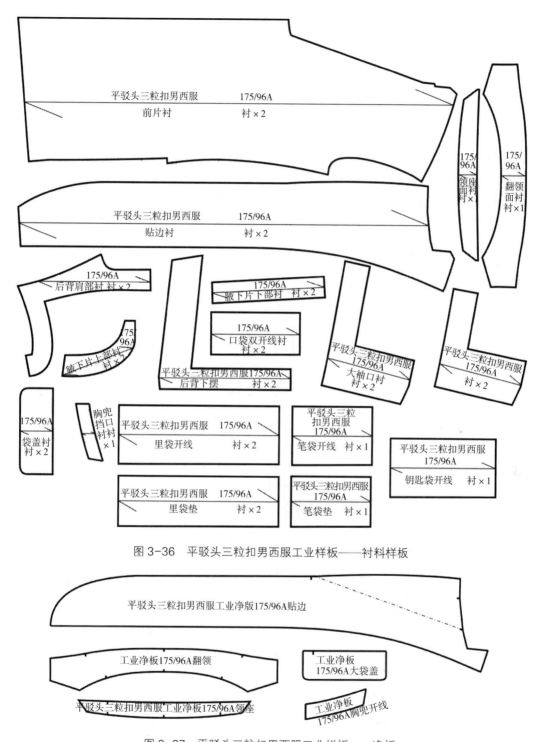

图 3-36 平驳头三粒扣男西服工业样板——衬料样板

图 3-37 平驳头三粒扣男西服工业样板——净板

四、平驳头三粒扣男西服实际排料示意图

平驳头三粒扣男西服在工厂实践制作过程中的排料示意图，如图3-38~图3-41所示。

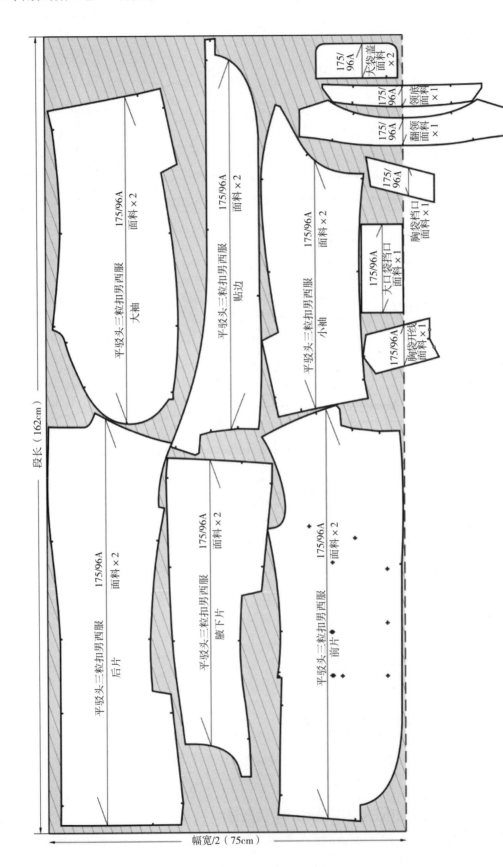

图 3-38　平驳头三粒扣男西服面料样板排料

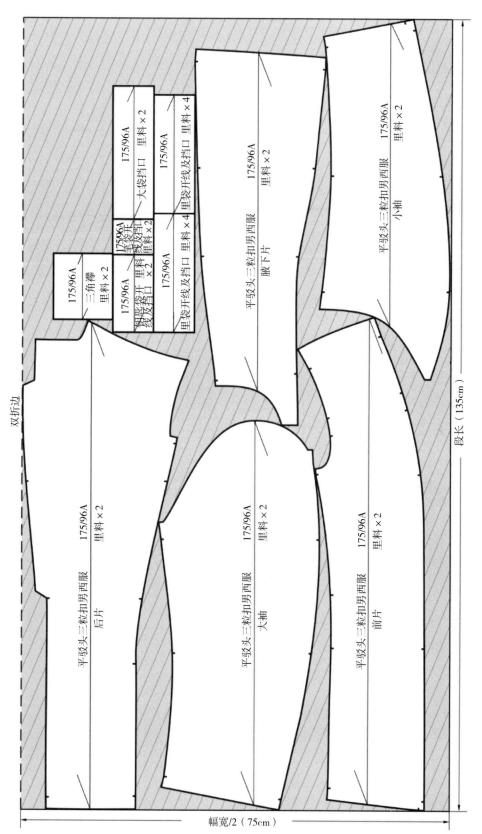

双折边

幅宽/2（75cm）

段长（135cm）

图3-39 平驳头三粒扣男西服里料样板排料

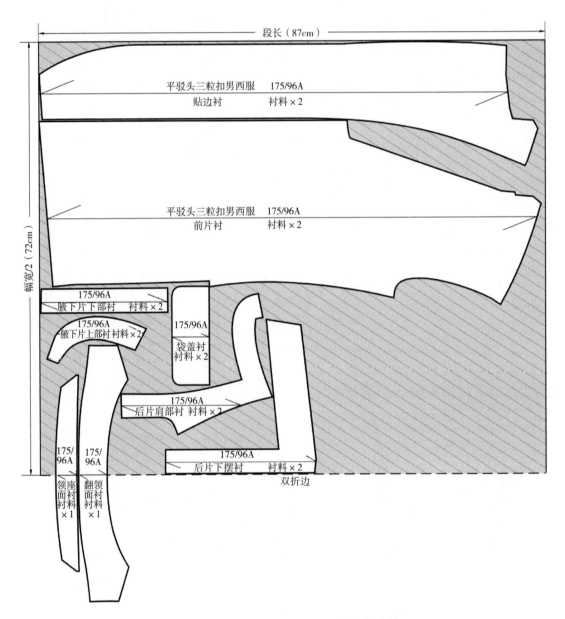

图 3-40　平驳头三粒扣男西服衬料样板排料

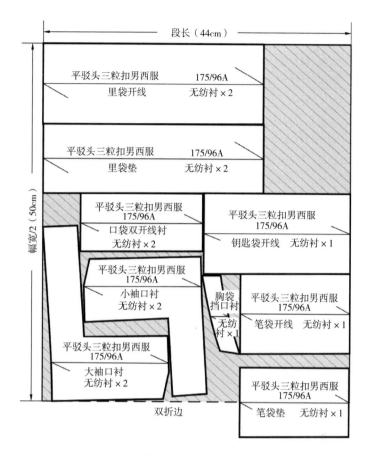

段长（44cm）

平驳头三粒扣男西服　175/96A
里袋开线　　无纺衬×2

平驳头三粒扣男西服　175/96A
里袋垫　　无纺衬×2

平驳头三粒扣男西服
175/96A
口袋双开线衬
无纺衬×2

平驳头三粒扣男西服
175/96A
钥匙袋开线　无纺衬×1

平驳头三粒扣男西服
175/96A
小袖口衬
无纺衬×2

胸袋
挡口衬

无纺
衬×1

平驳头三粒扣男西服
175/96A
笔袋开线　无纺衬×1

平驳头三粒扣男西服
175/96A
大袖口衬
无纺衬×2

平驳头三粒扣男西服
175/96A
笔袋垫　无纺衬×1

幅宽/2（50cm）

双折边

图 3-41　平驳头三粒扣男西服无纺衬排料

 思考与练习

1. 结合所学的西服结构原理和技巧设计绘制不同款式西服。
2. 绘制全套工业样板。
3. 独立完成面、辅料排料及成衣的裁剪工作。

基础理论与应用实操——

男西服排料与裁剪工艺

课题名称：男西服排料与裁剪工艺

课题内容：1. 排料划样

2. 铺料

3. 裁剪

课题时间：6课时

教学目的：掌握排料、划样及裁剪的方法，并独立完成

教学方式：讲授及实践

教学要求：1. 了解排料、划样的要点

2. 掌握裁剪方法，并熟练运用

3. 根据所学知识完成不同款式西服的排料、划样及裁剪工作

课前（后）准备：西服纸样、划粉、直尺、剪刀及所选面料

第四章　男西服排料与裁剪工艺

裁剪工序是服装生产中的关键工序，裁剪质量的好坏直接影响其他工序是否能够顺利进行，在整个生产过程中，具有承上启下的作用。裁剪工序主要包括面辅料的排料划样、铺料、裁剪及粘衬几大环节，每一环节都至关重要，都会影响最终成衣效果，正确的裁剪方案制订是完成裁剪工艺的重要前提。

第一节　排料划样

一、排料的原则及方法

服装排料也称排板、排唛架、划皮、套料等，是指将服装各规格的所有衣片板样在规定的面料幅宽内合理排放的过程，即将样板依工艺要求（正反面、倒顺向、对条、对格等）形成紧密啮合的不同形状的排列组合，从而经济地使用面料，达到降低产品成本的目的。

排料的目的是使面料的利用率达到最高，以降低产品成本，同时给铺料、裁剪等工序提供可行的依据。

（一）排料的原则

排料是一项技术性较强的工作，服装厂有专人负责，一般是技术科的排料员先进行1∶10的缩图排料，核定每件服装的用料，然后由裁剪车间的排料员根据1∶10的缩图排料进行1∶1的实样排料，在保证质量的前提下，尽量省料，其原则如下：

1. 保证质量并符合工艺要求

（1）丝缕正直。在排料时要严格按照技术要求，注意丝缕的正直。绝不允许为了省料而自行改变丝缕方向，当然在规定的技术标准内允许有事实上的误差，但决不能把直丝变成横丝或斜丝。因为丝缕是否正直，直接关系到成形后的衣服是否平整挺括，穿着是否舒适美观等质量问题。

（2）确定面料方向。服装面料有正反面之分，且服装衣片都是左右对称，因此排料要结合铺料方式（单向、双向），既要保证面料正反一致，又要保证衣片的对称，不要搞错。例如裤子，前后共有四片，面料有正反面，双面铺料时，前后裤片各排两次，要保证裤片的对称及正反一致；单面铺料时，前后裤片各排两次，须避免一顺现象，宜左右对称排。

除非面料无明显图案，如素色面料腰口可调头。

（3）对条对格。有倒顺毛、倒顺图案的面料在进行排板时须特别注意，否则会直接影响服装最终的外形效果。

①对条对格。对条对格的方法可分为两种：一种是准确对格法（用钉子），另一种是放格法。准确对格法是在排料时，将需要对条、对格的两个部件按对格要求准确排好位置，划样时将条格划准，保证缝制组合时对正条格。采用这种方法排料，要求铺料时必须采用定位挂针铺料，以保证各层面料条格对准，而且相组合的部位应尽量排在同一条格方向，以避免由于原料条格不均而影响对格。放格法是在排料时，不按原形划样，而将样板适当放大，留出余量。裁剪时应按放大后的毛样进行开裁，待裁下毛坯后再逐层按对格要求划好净样，剪出裁片。这种方法比第一种方法更准确，铺料也可以不使用定位挂针，但不能一次裁剪成形，比较费工，也比较费料，在高档服装排料时多用这种方法。

②倒顺毛面料。表面起毛或起绒的面料，沿经向毛绒的排列就具有方向性。如灯芯绒面料一般应倒毛做，使成衣颜色偏深；粗纺类毛呢面料，如大衣呢、花呢、绒类面料，为防止明暗光线反光不一致，并且为了不易黏灰尘、起球，一般应顺毛做，因此排料时都要顺排。

③倒顺花、倒顺图案。有些面料的图案有方向性，如花草树木、建筑物、动物等，不是四方连续，若面料方向放错了，就会头脚倒置。

（4）避免色差。布料在印、染、整理过程中，可能存有色差，进口面料质量较好，色差较少，而国产面料色差往往较严重。原料色差包括同色号中各匹原料之间的色差；同匹原料左、中、右（布幅两边与中间）之间的色差，称边色差；前、中、后各段的色差，称段色差；以及素色原料的正反面色差。通常一件服装的排料基本上是排在一起的，所谓的要避免色差，主要是指边色差。一般情况是布幅两边颜色稍深，而中间稍浅，其原因是布料两边稍厚，卷布时染料容易被轧辊压入纤维内部。当服装有对色要求时，那么上衣就要求破侧缝，这样在侧缝处、门襟处就不会有色差，成连缝过渡；而裤子就要求破栋缝，即侧缝、门襟、栋缝在同一经向上。另外，重要部位的裁片应放在中间，因为中间大部分区域往往色差不严重，色差主要在布边几十厘米的地方。有段色差的面料，排料时应将相组合的部件尽可能排在同一纬向上，同件衣服的各片，排列时不应前后间隔太大，距离越大，色差程度就会越大。

（5）核对样板数量避免遗漏。要严格按对样板及面辅料数量进行检查，避免遗漏对后序制作工序造成影响。

2.节约用料

排料的主要目的就是节约用料，降低成本。在保证设计和制作工艺要求的前提下，尽量减少面料的用量是排料时应遵循的重要原则，也是工业化批量生产用料的最大特点。

服装的最终成本，很大程度上取决于面料的用量，因此如何通过排料找出一种用料最省的样板排放形式，很大程度要靠经验和技巧。以下是在实践操作过程中反复试验所得出的几种最有效的方法。

（1）先大后小。排料时，先将主要部件较大的样板排好，然后再把零部件较小的样板在大片样板的间隙及剩余地方进行排列，这样能充分利用各大样板之间的空隙，减少废料。

（2）套排紧密。排料要讲究艺术，注意排料布局，根据衣片和零部件的不同形状和角度，采用平对平、斜对斜、凹对凸的方法进行合理套排，并使两头排齐，减少空隙，提高面料的利用率。

（3）缺口合并。有的样板具有凹状缺口，但不能紧密套排的时候，可将两片样板的缺口合并，以增大缺口的空隙，这样剩余空隙内便可排入较小的零部件样板。例如：前后衣片的袖窿合在一起，就可以裁一只口袋，如分开，则变成较小的两块，可能毫无用处。缺口合并的目的是将碎料合并在一起，可以用来裁剪零料等小片样板，提高面料的利用率。

（4）大小搭配。当同一裁床上要排几件服装时，应将大小不同规格的样板相互搭配，规格有S、M、L、XL、XXL五个码，在件数相同的情况下，一般采用以L码为中间码，M与XL搭配排料，S与XXL搭配排料。原因一方面是技术部门用中间号来核料，其他两种搭配用料基本同中间号，这样有利于裁剪车间核料，控制用料；另一方面，大配小，如同凹对凸一样，一般都有利于节约成本。

排料时还应注意排料总图最好比面料上下各边缩进1~1.5cm，这样既可以防止排出的裁剪图比面料宽，又可避免布边太厚而造成裁出的衣片不准确。

（二）排料的方法

1. 排料步骤

（1）检查整套纸样与生产样板是否相同，检查纸样的数量是否相同。

（2）核查面料门幅。

（3）取出排料纸张，用笔画出与对应布边的纸边垂直的布线头，然后画出排料的宽度线。

（4）先放最大或最长的纸样在排料纸上，剩余空间穿插放大小适合的纸样，并注意纸样上的丝缕方向。

（5）在排料结束时，各纸样尽量齐口，然后画上与布边垂直的结尾线。

（6）重复检查排料图，不能有任何纸样遗漏。

（7）在排料纸的一端写上款号、幅宽、尺码、丝缕方向等相关数据，若在服装厂内，还需要标明排料长度、利用率等有关数据。

上述一套完整的排料步骤，在工业生产中，服装厂排料员通常在完成排料后还需上级主管及品管人员复核。

2. 排料注意事项

在遵循以上排料原则及排料方法的同时，在具体实施过程中需注意以下几点：

（1）衣片对称。服装的衣袖、左右前片等是对称式的，因此，在制作裁剪样板时，可先绘制出一片样板，排料时要特别注意样板的正反使用。若在同一层衣料上裁取衣片，则要将样板正反各排一次，使裁出的衣片为一左一右的对称衣片，避免"一顺"现象，如图4-1所示。

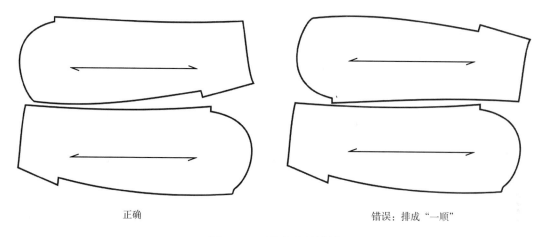

正确   错误：排成"一顺"

图4-1 对称衣片的排料

（2）做标记。在排料图上，每一块样板都应该有其所属的服装标识，如尺码、款号、样板名称、丝缕方向等标记。

（3）避免色差。布料在印、染、整理过程中，往往会存在一些色差，如最常出现的边色差。前文已详细叙述避免色差的方法，故此不赘述。

（4）经纬纱向要求。面料有经纬纱向之分，经向、纬向、斜向都有其各自独特的性能，直接影响服装的结构及面料表面的造型，所以在排料时应特别注意面料纱向，尤其是西服对面料纱向要求更严格，西服上衣制作过程中对经纬纱向的技术要求，见表4-1。

表4-1 西服经纬纱向技术要求

部位名称	经纬纱向要求
前身	经纱以领口宽线为准，不允许倾斜
后身	经纱以腰节下背中线为准，倾斜不大于0.5cm，条格不允许倾斜
袖子	经纱以前袖缝为准，大袖倾斜不大于1cm，小袖倾斜不大于1.5cm，条格面料袖口处向前不允许倾斜
领面	纬纱倾斜不大于0.5cm，条格不允许倾斜
袋盖	与大身纱向一致，斜料左右对称
过面	以驳头止口处经纱为准，不允许倾斜

在西服制作过程中针对有明显花型或条格图案时，对纱向要求更高，理论上不允许纱向有偏斜，其具体要求见表4-2。

表4-2　西服上衣对条格规定

部位名称	对条对格规定
左、右前身	条格顺直，格斜对横，互差不大于0.3cm
袋与前身	条料对条、格料对格，互差不大于0.3cm
袖与前身	格料对横，互差不大于0.5cm
袖缝	袖肘线以下，前后袖缝格料对横，互差不大于0.3cm
背缝	条料对称，格料对横，互差不大于0.2cm
摆缝	袖窿以下10cm，格料对横，互差不大于0.3cm
领子、驳头	条格左右互差不大于0.2cm

根据以上所述的排料方法及要求进行排料，在大型服装厂多为计算机操作，方便快捷，待排料完成后直接进行1：1打印，从而得到所需纸样，再根据纸样进行面料裁剪，如图4-2所示，为男西服的排料图。

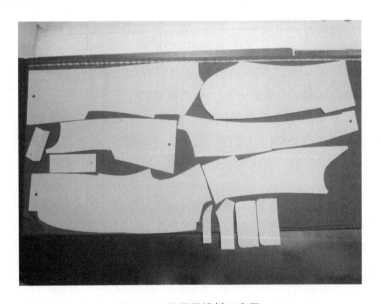

图4-2　男西服排料示意图

二、划样的方法

排料完成后可进行划样工作，即在纸上或布料上做记号，以此作为面、辅料裁剪的依据。

1.划样要求

（1）线条清晰。划线不能模糊，交叉点要明晰，如有划错或改变部位的划线，一定要将其擦去重划，或另作明显标记，以防裁错。总之，线条要清晰、连续、顺直、无双轨线迹。

（2）划线准确。划样过程中的各种线条，如横线、直线、斜线、弯曲线、圆弧线等，必须划细、划准，不得歪斜或粗细不匀，以免影响裁片的规格质量；特别是对松软的面料或弹性较好的面料，更要注意划线的准确性，防止走样变形，达不到原样要求。

（3）选择合适的划具。面料不同导致所选择划具各不相同。直接划样时，质地轻薄、颜色较浅、纱支较细的面料（如衬衫料）可用铅笔；面料厚宽、颜色较深的套装料可用白铅笔或滑石片划样；厚重、色深的毛呢料可用划粉；薄纸划样可用铅笔。划具颜色既要明显，又要防止污染衣料，不宜用大红、大绿等颜色划样，以免渗色，尤其忌用圆珠笔等极易污染衣料的划具。总之，划具要削细、削尖，保持划线匀细、清晰。

（4）做好记号。对于各种规格的套裁，必须在划样时做好记号，严防出错，影响质量。

至此，裁剪车间排料员的工作基本结束，根据分床方案及排料划样情况还要开出裁剪通知单，作为裁剪工人铺料时的依据。

2. 常用划样操作方法

（1）纸质划样。利用样板在一张与面料幅宽相同的薄纸上划样，然后将纸直接放在面料上开裁。此方法适用于丝绸等薄面料裁剪，可防止面料污染。

（2）面料划样。又称划皮，直接在面料上按样板排料划样，按线裁剪。此法较易污染面料，不适用于薄面料（容易透出正面），多用于颜色较深的面料或需对条对格的面料。

（3）漏板划样。先在平挺、光滑、耐用不缩的纸板上，按照面料的幅宽，在上面排料划样，然后在排料图上准确地在划样上等距离钻孔连线，再将漏板覆在面料的表层上，经刷粉漏出面料裁片的划样，作为开裁的依据。其优点是速度快、效率高、可多次重复使用，特别适用于大批量生产和多次翻单的产品；缺点是不如直接划样清晰，缝纫时可能会断针等。

（4）计算机划样。用计算机排料划样，直接放在面料上按图裁剪。

第二节　铺料

一、面料整理

一般情况下，面料会有布纹不正等问题，因此，不宜直接用于制作，在使用前必须对面料进行整理，这个过程称为整烫。

1. 纠正布纹

首先确认布边是否抽缩，若有抽缩现象，可斜向稍打剪口后拉伸，确认横向的裁剪边缘是否为一根贯通的纬向纱。若不是，找到一根贯通的纬向纱后用剪刀剪齐，让竖线和横线分别达到垂直、水平，再用双手把布料向想改正的方向拉伸，纠正布料上所有的歪斜。

然后，在烫台上把布纹调整正确，用大头针固定，再用适当温度的熨斗压烫整理，使布纹横平竖直。

2. 预缩

预缩也称缩绒，即预先利用湿气和热量使要收缩的部分收缩，为了不损伤布料原有手感，应选择适合面料的方法，先在布头上试验，再正式操作为好。预缩的常用方法主要包括以下几种：

（1）干烫：不加水分，从面料面熨烫，适用于经过防缩加工的面料、丝绸和合成纤维面料。

（2）使用蒸汽熨斗：适用于毛织物及以毛为主的纺织物。

（3）真空熨烫平台：带有供给蒸汽，同时可去除水分装置的熨烫平台，几乎适用于一切材料。

（4）浸水后弄干用蒸汽熨斗熨烫：适用于棉、毛衬等。

二、铺料的工艺技术要求

铺料时，必须使每层面料都十分平整，布面不能有折皱、波纹、歪扭等情况。若面料铺不平整，裁剪出的衣片与样板就会有较大误差，这势必会给缝制造成困难，而且影响成衣效果。

1. 布面平整

面料本身的特性是影响布面平整的主要因素，例如：表面有绒毛的面料，由于面料之间摩擦力过大，接触时不易产生滑动，因此，铺平面料比较困难。相反，有些轻薄面料表面十分光滑，面料之间摩擦力小，缺乏稳定性，也难于铺平整。再如有些组织密度很大，或表面有涂料的面料，其透气性能差，铺料时面料之间积留的空气会使面料鼓胀，造成表面不平。因此，了解各种面料的特性，在铺料时采取相应措施，精心操作是十分重要的，对于本身有折皱的一些面料，铺料前还需经过必要的整理手段，清除面料本身的折皱。

2. 布边对齐

铺料时，要使每层面料的布边都上下垂直对齐，不能有参差错落的情况。如果布边不齐，裁剪时会使靠边的衣片不完整，造成裁剪废品。

面料的幅宽总有一定的误差，要使面料两边都能很好地对齐是比较困难的，因此，铺料时要以面料的一侧为基准，通常称为"里口"，要保证里口布边上下对齐，最大误差不能超过 ±1mm。

3. 减少张力

要把成匹面料铺料，同时还要使表面平整，布边对齐，必然要对面料施加一定的作用力而使面料产生一定张力。由于张力的作用，面料会产生伸长变形，特别是伸缩率大的面料更为显著，这将会影响裁剪的精准度，因为面料在拉伸变形状态下剪出的衣片，经过一段时间，还会恢复原状，使得衣片尺寸缩小，不能保持样板的尺寸，因此铺料时要尽量减少对面料施加压力，防止面料的拉伸变形。

卷装面料本身具有一定的张力，如直接进行铺料也会产生伸长变形。因此卷装面料铺料前，应先将面料散置，使其在松弛状态下放置24小时，然后进行铺料。

4. 方向一致

对于有方向性的面料，铺料时应使各层面料保持同一方向铺放。

5. 对正条格

对于条格面料，为了达到服装缝制时对条对格的要求，铺料时应使每层面料的条格上下对正。要把每层面料的条格全部对准是不容易的，因此，铺料时要与排料工序相配合，对需要对格的关键部位使用定位挂针，把这些关键部位条格对准。

6. 铺料长度要准确

铺料的长度要以划样为依据，原则上应与排料图的长度一致。铺料长度不够，将造成裁剪的裁片不完整，给生产造成严重后果；铺料长度过长，会造成面料浪费，抵消了排料工序努力节省的成果。为了保证铺料长度，又不造成浪费，铺料时应使面料长于排料图0.5~1cm。此外，还应注意铺料与裁剪两工序相隔时间不要太长，如果相隔时间过长，由于面料的回缩，也会造成铺料长度不准。

三、铺料方法

铺料前首先应识别布面，包括区分正反面和方向性，只有正确地掌握面料的正反面和方向性，才能按工艺要求正确地进行铺料。以下为生产中铺料的几种常用方式。

1. 单向铺料

这种铺料方式是将各层面料的正面全部朝向一个方向，一般多朝上，其特点是各层面料的方向一致。用这种方式铺料，面料只能沿一个方向展开，每层之间面料要剪开，因此，工作效率较低。

2. 双向铺料

这种铺料方式是将面料一正一反交替展开，形成各层之间正面与反面相对、反里与正里相对。用这种方式铺料，面料可以沿两个方向连续展开，每层之间也不必剪开，因此工作效率比单向铺料高。这种方式的特点是各层面料的方向是相反的，在铺料时应注意这一因素，避免裁出的裁片正反有误。

3. 对折铺料

将面料对折，对齐两边，正面向里进行铺料。对折铺料仅适用于双幅（宽幅）毛料，以确保衣片条格的对称性。对折铺料效率低，面料利用率低，但对条对格准确，常用于男西服等高档服装的铺料。

在生产中，应根据面料的特点和服装制作的要求来确定铺料方式。如果是素色平纹织物，布面本身不具方向性，正反面也无显著区别，此类面料可以采用双向铺料方式，操作简单，效率高。有些面料虽然分正反面，但无方向性，也可以采用双向铺料方式。这时可利用每相邻的两层面料组成一件服装，由于两层面料是相对的，自然形成两片衣片的左右对称，因此，排料时可以不考虑左右衣片的对称问题，使排料更为灵活，有利于提高面料的利用率。如果面料本身具有方向性，为使每件衣服的用料方向一致，铺料时就应采取单向铺料方式，以保证面料方向一致。缝制时要对格的产品，铺料时也要对格，并要采取单向铺料方式，否则就不能做到对格。

第三节　裁剪

一、裁剪的工艺要求

裁剪是按照排料图上衣片的轮廓用裁剪设备将铺放在裁床上的面料裁成衣片的过程。在整个服装生产过程中，裁剪是一项非常重要的基础性工作，也直接影响到成衣品质。若裁剪质量较差，无法按样板成形，不但会直接影响缝制工艺，甚至会造成面料的多余损耗，提高生产成本，所以对裁剪工艺必须要有一定的技术要求。

1. 掌握裁剪要领保障裁剪精度

（1）先小后大。在日常裁剪操作过程中，许多初学者常习惯先裁剪大衣片后再处理小衣片，这样往往造成在后面的裁剪过程中，由于剩余面料较小不好把握，进而影响裁剪精度。故裁剪时，应先裁较小衣片，后裁较大衣片，以减少给裁剪带来的困难。

（2）刀不拐角。裁剪到拐角处，应从两个方向分别进刀至拐角处，而不应直接拐角，以保证拐角处精确度。

（3）避免错动。裁剪时为减少误差，压在面料上的力需适中，过大或过小都会造成裁剪过程中面料的错动，使衣片之间形成裁剪误差。除此之外，用力时勿向四周用力，尤其是有弹性的面料，会影响织物的经纬纱向导致裁剪误差。

（4）打剪口要准确。缝制时为了准确确定衣片之间相互配合的位置，裁剪时要打剪口做标记。剪口位置是按样板要求确定的，一般为2~3mm。

2. 注意裁刀温度对裁剪质量的影响

在工业裁剪中，由于面料层数较多及提高工作效率的要求，多采用高速电剪裁剪，裁剪过程中由于裁刀与面料之间因剧烈摩擦会产生大量的热量，使裁刀温度升高。对于耐热性差的面料，衣片边缘会出现变色发焦或粘连现象，从而影响裁剪质量，因此，裁剪时控制裁刀温度是非常重要的。对于耐热性差的面料，可使用速度较低的裁剪设备，同时也可以适当减少铺布层数，或者间歇地进行操作，使裁刀温度能够散发出去。

针对单件单裁，由于裁剪面料层数较少且裁剪速度较慢，不会存在以上现象。

二、裁剪的注意事项

裁剪是成衣缝制的第一个过程，也是整个加工过程中的一道重要工序。若裁剪质量不佳，将会直接影响后道工序的进行。作为裁剪者，必须详细了解服装技术知识和服装原理，熟悉衣片的组合关系和服装质量的相关标准，更要在掌握裁剪工艺要求的基础上，熟知裁剪的相关注意事项，只有这样才能最大限度地减少裁剪误差，降低成本损耗。

1. 裁前检查

裁剪前，检查被测量者体型特征的相关数据和所记录各测量尺寸是否合理，有无遗漏。核对样板及面料数量，布料幅宽尺码，所用面料有无破损、污渍，以及面料的花色、纹理、正反。

（1）花色情况。常用的西服面料中有条纹及格子等图案，此类面料在裁剪时必须特别注意衣片图案的对称情况，左右前衣身、领角及戗驳头、两口袋与袋盖、两袖子及以后中心线为对称轴的左右后衣片图案都应对称，衔接恰当。

（2）面料正反。任何面料都有正反之分，并且面料两面质感也各不相同，面料正反的正确选择将直接影响成衣外观效果。通常情况下，一般织物正面纹路色泽比反面清晰，尤其是条纹或格子图案；单面起毛面料的起毛绒一面为正面，双面起毛面料，光洁、整齐绒毛一面为正面；观察布边，布边整洁的一面为织物正面；双层或多层面料，织物两面经纬度不同时，密度较大且纹理清晰的一面为正面。

2. 划粉选择

裁剪时，应根据面料颜色使用划粉。划粉颜色一定要浅于面料本色且易清除。除指定划粉外，有时也可使用薄且尖角的肥皂片划样，在深色面料上划线，线条清晰且易消除。

3. 铺料上的标注位置要准确

裁剪时，应确保铺料上的位孔位置、丝缕方向及剪口位置准确，以免造成裁剪误差。

4. 对色差、瑕疵的要求

色差、瑕疵点应在工艺要求允许的范围内。

 思考与练习

1. 铺料的工艺要求和方法是什么？
2. 排料划样的目的、原则和方法分别是什么？
3. 裁剪工艺的要求是什么？

基础理论与应用实操——

男西服缝制工艺

课题名称：男西服缝制工艺

课题内容：1.缝制步骤和方法

          2.男装规格

课题时间：84课时

教学目的：掌握男西服制作工艺流程、熨烫方法，独立完成男西服的制作

教学方式：理论讲解与实践制作

教学要求：1.了解男西服制作的全部工序，明晰其重点与难点

          2.掌握正确的操作方法和要领

          3.能够按照工艺标准制作高档男西服

课前（后）准备：1.面料的准备：包括前片、后片、大袖片、小袖片、领片、过面、袋盖面等

               2.里料的准备：包括前片、后片、大袖片、小袖片、大袋布料、里袋布料等

               3.衬料的准备：包括有纺衬、无纺衬、嵌线条等

               4.其他：缝纫线、垫肩等

第五章　男西服缝制工艺

第一节　缝制步骤和方法

一、整理裁片

在整个缝制工作开始之前，应该进行裁片整理。裁片整理主要包括检查裁片数量、裁片质量，其中，数量的检查包括对面料部件、里料部件、衬料部件及辅料部件的数量核查，避免遗漏。制作男西服上衣所需裁片的名称及数量，见表5-1~表5-4。

1. 裁片名称及数量

男西服上衣面料所需裁片名称及数量，见表5-1。

表5-1　男西服上衣裁片名称及数量

裁片名称	前片	腋下片	后片	过面	大袖	小袖	领面	领底	胸袋嵌线面	胸袋挡口	大袋盖面	大袋嵌线	大袋挡口	省牵条
数量	2	2	2	2	2	2	1	1	1	1	2	2	2	2

男西服上衣里料所需裁片名称及数量，见表5-2。

表5-2　男西服上衣里料裁片名称及数量

裁片名称	前片	腋下片	后片	大袖	小袖	大袋盖里	里袋牙	里袋挡口	里袋三角
数量	2	2	2	2	2	2	4	4	1

男西服上衣黏合衬所需裁片名称及数量，见表5-3。

表5-3　男西服上衣黏合衬裁片名称及数量

裁片名称	前片	腋下片	后片领窝衬	过面衬	大袖口衬	小袖口衬	领面衬	领底衬	胸袋衬	大袋盖衬	大袋衬	大袋嵌线	下摆衬
数量	2	2	1	2	2	2	1	1	1	2	2	2	3

男西服上衣辅料所需裁片名称及数量，见表5-4。

表5-4 男西服上衣辅料裁片名称及数量

裁片名称	前片衬	挺胸衬	肩衬	过面	胸绒	领底呢	袋布	前门扣	里袋扣	垫肩
数量	2	2	2	2	2	1	2	3	1	2

2.裁片质量检查

验片是对裁片质量的检查，目的是将不合格的裁片及时检查出来，进行处理，避免不良衣片流入缝制工序，影响生产顺利进行，同时也避免成品出现不良品。验片内容和方法主要有以下几点：

（1）裁片与样板比对，确保一致性。

（2）检查刀口、钉眼位置是否准确、清楚，有无漏剪。

（3）检查裁片纱向是否正确，针对有条纹或图案的面料，应检查左右裁片的纹理或图案是否一致，避免成衣出现左右片图案衔接不一，从而影响成衣外观。裁片检验质量把关要严格，对不合格的裁片，能修正的应及时修正，不能修正的则要对色对行补裁。

二、成衣制作步骤

（一）前身片面、里制作

1.缝合前片和腋下片，并合前片省

在前片裁片上画胸省及大袋位，左右一致。开大袋口位及胸省，胸省开到距省尖4~5cm处停止。按胸省位缉省，并在省尖处夹上胸省垫条，如图5-1（a）所示。条格面料要注意左右格料对格，注意缝纫线的松紧，要求缉线直顺。

劈烫胸省，至省尖处胸省和垫条劈烫，前身纱向摆直，省尖不能出窝。按刀口位置缝合前片与腋下片，如图5-1（b）所示，劈烫结合缝。劈烫腋下片结合缝时，将腋下片摆直顺，归烫腋下片不能伸拉。

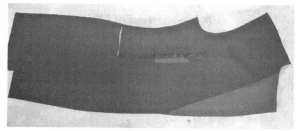
（a）反面

（b）正面

图5-1 前片缝合后效果

2. 粘前片肩部、侧开衩及袖窿衬条

前片肩部衬条与肩部面料要分开层次，衬条要与肩面相差0.3cm，肩部衬条有0.3cm的吃量，如图5-2所示。

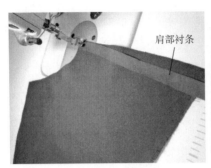

图5-2　粘前片肩部衬条

在侧开衩处加衬条，粘合衬条时略带吃势0.5cm左右，如图5-3（a）所示。将前身横竖纱向摆直顺，保证袖窿的原形，从距肩缝8~10cm起粘袖窿衬条，吃量0.2~0.3cm，如图5-3（b）所示。

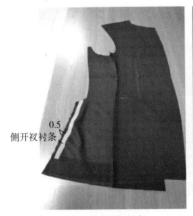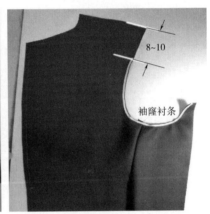

（a）粘侧开衩衬条　　　　　　　　　　　（b）粘袖窿衬条

图5-3　粘前片侧开衩及袖窿衬条

3. 推、归、拔、烫前衣片

推、归、拔工艺是西服缝制过程中达到造型要求的关键，尤其是高档西服的成衣效果很大程度上取决于推、归、拔工艺，它可以使服装造型更好地符合人体曲线，塑造出服装的立体形态。推、归、拔工艺原理是建立在充分了解人体形态特征的基础之上，要求制作者对人体形态特征有一定了解，同时，推、归、拔工艺对熨烫温度有严格的要求，温度过高或过低会分别造成起皱或衬料粘合不服帖等现象。

推、归、拔工艺的实现主要是通过改变服装织物的伸缩性能，适当地改变织物的经纬组

织，从而完成衣片的拉长、缩短或向同一方向归拢的工艺要求。经过归拔的部位，织物被相对拉长形成了凸起的形态，此部位是用来满足体型上隆起部位的需要，如西服的胸部造型；反之，若服装某个部位需要拔伸处理时，就要通过熨烫拔开这个部位的织物紧密度，略微改变其经纬组织的原有排列形态，从而获得松量来满足体型的需要，如西服的腰部造型等。在实际操作过程中，推、归、拔工艺多结合运用，以下是男西服上衣的推、归、拔工艺。

　　根据前身片各部位标出的归拢数据，通过归拔的热定型方法使胸部隆起，腰部拔开，产生自然曲面效果，塑造出臀腹部的立体感，熨烫过程中需注意熨斗用力方向。驳头和袖窿处归拔都要围绕胸部的造型进行处理，先归拔门襟，前衣身片靠近身体，将衣片腰围线位置止口推出0.5cm，熨斗从腰节处向上方拔出，如图5-4（a）所示。前门止口胸围线处归烫驳口线，吃量0.3cm，并将肩缝归直，如图5-4（b）所示。将衣片摆正、摆顺，归拔后的余量集中在前肩袖窿上部、腋下片腰围线处、前片大身大袋下臀围处。熨烫时一定要将蒸汽吸干，归拔处归平、归尽、以防回缩。在推拔过程中及时调整纱向，保证纱向顺直是一个很重要的方面，如图5-4（c）所示为推、归、拔熨烫后的效果。

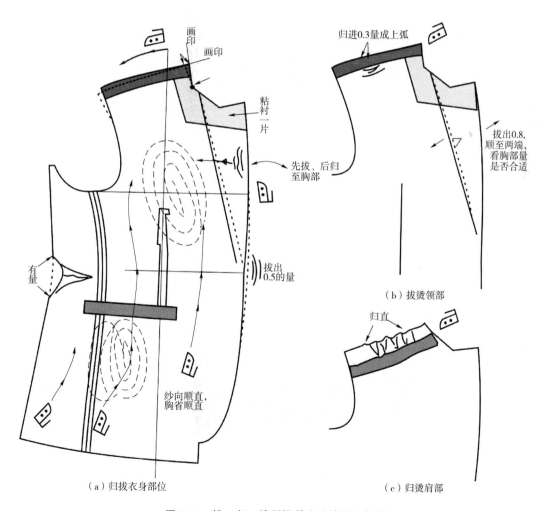

（a）归拔衣身部位　　　　　　　（b）拔烫领部　　　　（c）归烫肩部

图5-4　推、归、拔熨烫前衣片流程分解图

如图5-5所示，为前衣身片归拔后正面及背面视觉效果。

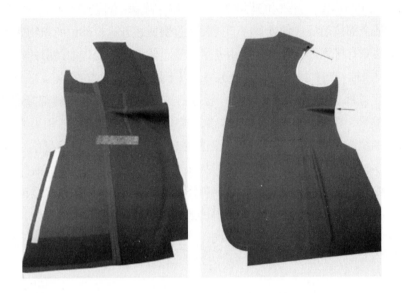

图5-5 推、归、拔熨烫后前衣片效果

4. 制作手巾袋

（1）制作袋板。制作袋板前需要准备袋板布，垫袋布及袋口衬，如图5-6所示。

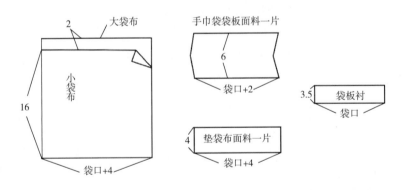

图5-6 准备袋板布

按设计好的手巾袋袋板布尺寸裁剪出所有袋板布的制作裁片，保证手巾袋袋板布面布及衬布的纱向直顺后，将袋板布衬粘在袋板布面布上，要粘牢。将手巾袋袋板面距边1cm扣烫，并在折角处打剪口，以保证手巾袋袋板布成品外观平整，如图5-7所示。

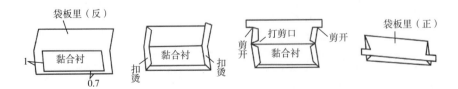

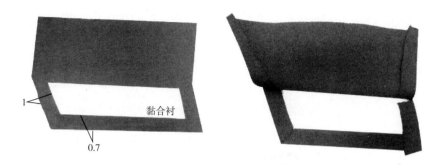

图5-7　手巾袋袋板面料粘衬

（2）缉袋布。将袋板布里与小袋布正面相对，沿净缝线缉缝，缝份倒向小袋布，如图5-8（a）所示；此后，将垫袋布下口扣净，缉缝在大袋布上，如图5-8（b）所示。

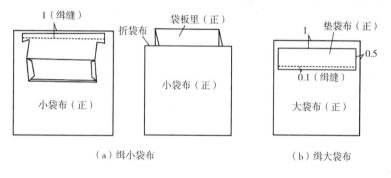

（a）缉小袋布　　　　　　　（b）缉大袋布

图5-8　缉袋布

（3）缉缝袋板、垫袋布。将袋板与大身袋口位置对正，袋板面与衣身正面相对，按袋板下口净缝线缉缝，两端回针固定。

将垫袋布对齐袋板布，在距袋板净缝线0.8cm处缉缝，两端缩进0.2~0.3cm，以防打剪口时三角豁口外露，两端回针缝牢，如图5-9所示。

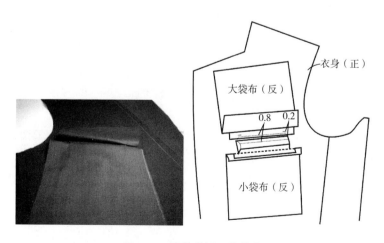

图5-9　缉缝袋板、垫袋布

（4）剪袋口。将衣身翻到反面，在袋口中间剪开，在两端0.8cm处剪三角至缉缝末端，不要剪断两端缉线，如图5-10所示。在两缉线中间均匀开剪口，两端打三角。翻烫袋板，劈烫袋牙缝份，整烫袋板，宽窄一致，两端不外翘。

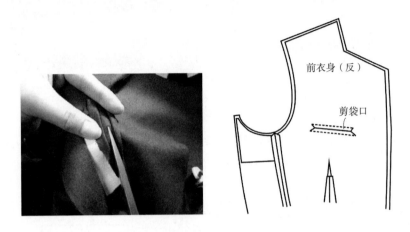

图 5-10　剪袋口

（5）固定袋板下口。先将袋板面下口分缝烫平，再将小袋布翻下摆平，在衣身正面缉漏落缝，如图5-11所示。

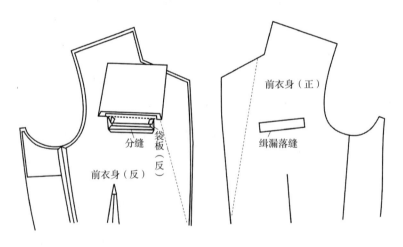

图 5-11　固定袋板下口

（6）固定大袋布。将垫袋布与衣身缝份分开烫平，外袋布铺平，在衣身正面分缝，两边缉0.1cm明线，在反面缉袋布，如图5-12所示。

（7）封结。手巾袋牙正面用专用机或手针缝手巾袋牙两侧，整理、熨烫手巾袋，要求熨烫平服、不起皱，如图5-13所示。

5.制作大袋

（1）裁袋盖布、嵌线、垫布袋，如图5-14所示。

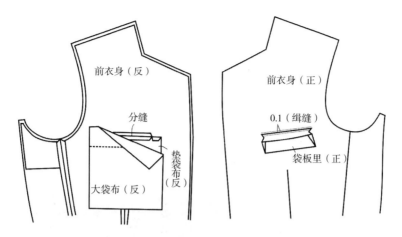

图 5-12　固定大袋布

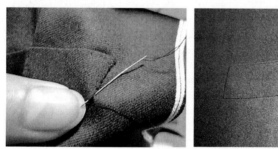

图 5-13　手巾袋缝合后效果

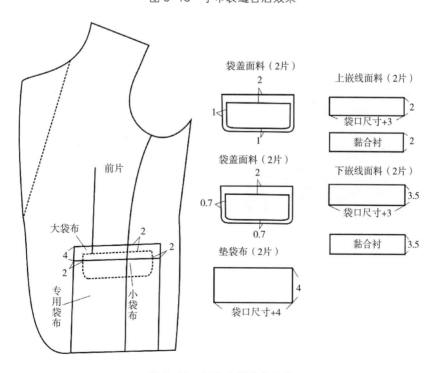

图 5-14　制作大袋准备工作

（2）做袋盖。按大袋盖净样尺寸在粘好衬的袋盖面布上画缉线净印，要求大袋盖前侧纱向必须顺经纱，若面料为条纹面料，袋盖上的条纹纹路要与大身衣身条纹纹路一致。将袋盖面料与袋盖里料正面相对，按净印缉袋盖三边，缉袋盖时袋角两侧适当拉紧里布，将袋盖面料留余量，保证翻烫后不反翘。清剪作缝，三边清剪后缝份为0.7cm左右，将拐角处2~3cm的长度范围清剪至0.2cm左右作缝。用模具翻烫袋盖，整烫袋盖，盖角圆顺，窝势自然，面吐止口0.1cm，如图5-15所示。

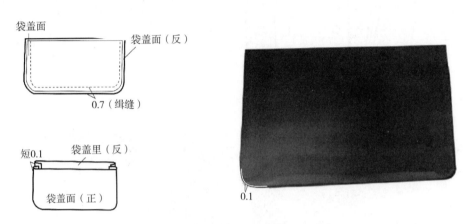

图5-15 大袋盖

（3）做嵌线。在前身片袋口位置的反面粘宽4cm、长20cm的无纺黏合衬条固定，将大袋嵌线反面粘衬、扣烫顺直，如图5-16（a）所示。在衣身正面袋口位置画出嵌线位置，上、下嵌线要平行，两端整齐，如图5-16（b）所示。

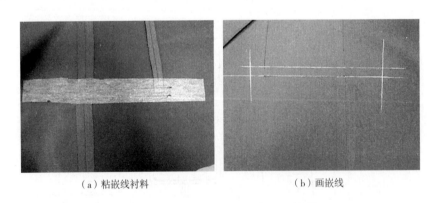

（a）粘嵌线衬料 （b）画嵌线

图5-16 做嵌线

（4）剪袋口、折三角。在衣身反面从缉线中间剪开，两端距0.8cm剪三角，并把三角折转烫平，如图5-17所示。

（5）整理嵌线。分别将上、下嵌线分缝烫平，按嵌线0.5cm分别做好上、下嵌线，在下嵌线分缝上缉漏落缝，如图5-18（a）所示。最后，将嵌线部位整烫平整，翻烫袋嵌线，熨烫整理，要求熨烫后平整服帖、对称、无起皱、无极光，如图5-18（b）所示。

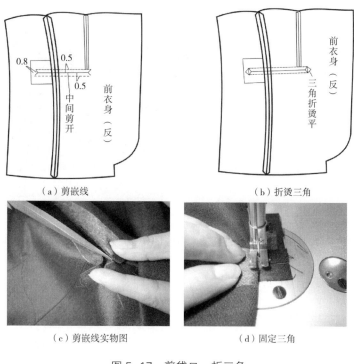

（a）剪嵌线   （b）折烫三角

（c）剪嵌线实物图   （d）固定三角

图 5-17　剪袋口、折三角

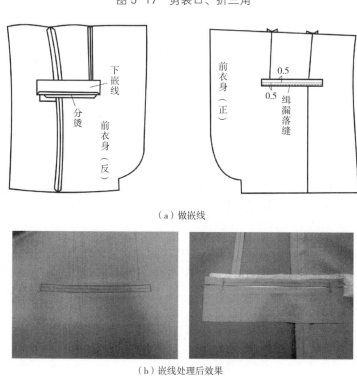

（a）做嵌线

（b）嵌线处理后效果

图 5-18　整理嵌线

（6）缉缝袋布。将小袋布与下嵌线布缝合，压缉0.1cm明线，如图5-19所示。

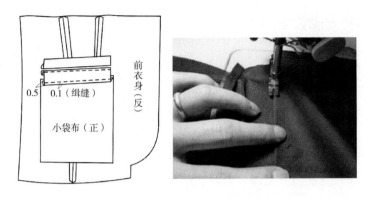

图 5-19　缉缝小袋布与嵌线布

将垫袋布缉缝在大袋布上，再把袋盖缉在大袋布上，在距袋盖净缝线0.3cm处缉缝，如图5-20所示。

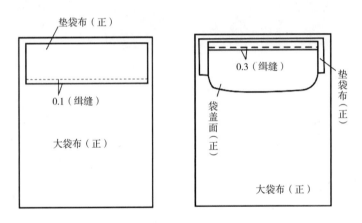

图 5-20　缉缝垫袋布、大袋、袋盖

（7）装袋盖。将制作好的袋盖从双嵌线口插入，调整好两端的宽度，在分缝处漏落针绷缝固定，大袋片缝好后与上嵌线、袋盖共同在反面缉缝，如图5-21所示。

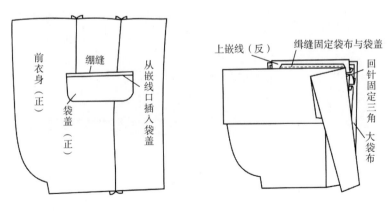

图 5-21　装袋盖

（8）封结。掀起袋盖两端封结，可以用专业机器打套结，也可以用手针封结，如图5-22所示。

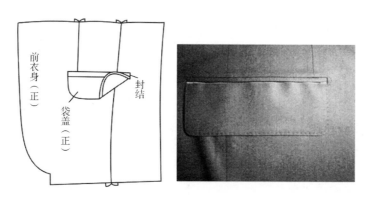

图 5-22　封结

6. 做胸衬

（1）敷胸衬。在大身衬领口处垫直纱马尾衬，并纳三角针，以保证领口处在制作过程中不变形。肩省拨开1cm，垫衬条纳三角针固定；交腋下省、胸省闭合，纳三角针固定，塑造男西服胸部立体感，如图5-23（a）所示。第二层增强衬及第三层肩衬的制作方法如图5-23（b）、图5-23（c）所示。将增强衬、肩衬与大身毛衬进行排列摆放，驳头线要平行一致，用三角针固定，如图5-23（d）所示。将胸绒敷在三层衬的最上面，驳口线与大身毛衬平行，向内约1cm，但要盖住另外两层衬，用绷缝大针码绷缝固定，如图5-23（e）所示。胸衬做好后，进行压烫定型，塑造更加立体的成衣效果。

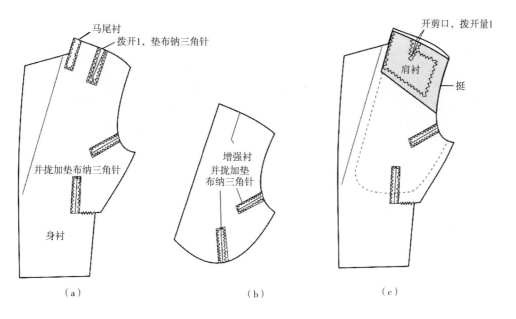

（a）　　　（b）　　　（c）

图 5-23

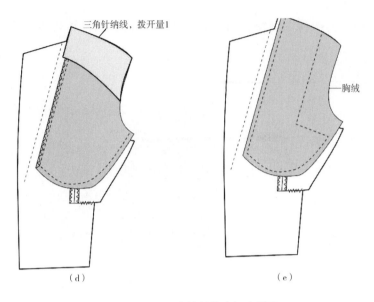

图 5-23　胸衬制作分解步骤图

（2）固定胸衬。将制作好的胸衬与前身片反面胸部对齐，胸绒驳口线位置与前身片驳口线平行，距驳口线1cm，前身片胸部凸势与胸衬凸势应完全贴合一致。取1.5cm宽带胶牵条一根，固定胸衬与前身片。从领口下方起针用绷缝机大针码固定，在驳口线下端画胸衬与牵条对位记号，然后将牵条平行下拉1cm，绷缝固定牵条下口，如图5-24所示。挺胸衬中间吃量摆匀，用绷缝均匀固定吃量，再进行整理，胸衬与前身片完全吻合。

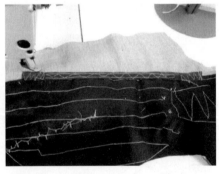

图 5-24　固定胸衬

（3）纳驳头。用专用纳驳头机花针纳驳头（图5-25），也可以固定好余量后使用手针纳驳头。

（4）清剪胸衬。将纳好驳头的前身片进行整烫定型，然后进行清剪胸衬。在前领口肩点处胸衬超过衣身面0.3~0.5cm，胸衬前颈点肩缝超过前身片肩缝前颈点1cm左右，胸衬肩缝端点超过前身片肩缝端点1.5cm，胸衬袖窿处超过前身片袖窿2.5cm，距肩线末端3cm拉袖窿拉条，其余清剪至与前片面完全一致，如图5-26所示。

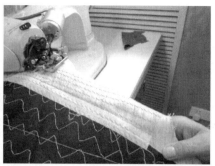

图 5-25　纳驳头

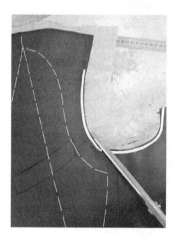
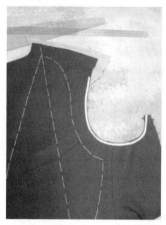

图 5-26　清剪胸衬余量

（5）整烫前身片。再次进行整烫定型，使前身片造型达到设计要求，如图5-27所示。

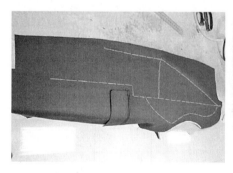

图 5-27　整烫前身片

（6）敷胸衬后前身片效果。最终敷衬、整烫完成后的前身片效果如图5-28所示。

7. 做里袋

（1）缉合过面与前片里。先将衣里腰省缉缝，缝份倒向侧缝烫平，再将前片与腋下片正面相对，距离净缝线0.3cm缉缝，沿净缝线倒向侧缝烫平，再将过面里口略归拢，过面与衣里正面相对，对准对位标记，沿净缝线缉缝，缝份倒向衣里一侧烫平，如图5-29所示。

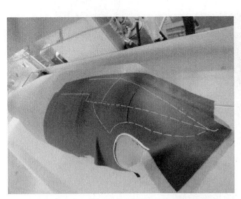

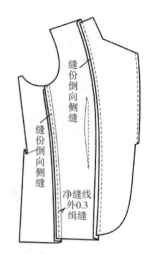

图5-28　敷胸衬前身片效果　　　　　　　图5-29　缝合过面衣里

（2）做里袋三角（包括锁眼）。首先将裁剪好的三角襻在反面居中粘一块10cm×5cm的无纺衬布，如图5-30（a）所示。对折熨烫，并将连折面两边均匀对折熨烫，使其成为三角形，如图5-30（b）所示。打开三角，在折迹中心距折边1.5cm处锁圆头眼一个，如图5-30（c）所示，锁眼后效果如图5-30（d）所示。

（a）粘无纺衬　　　　　　　　　　（b）折烫出三角形

（c）里袋三角锁眼　　　　　　　　（d）里袋锁眼后外观效果

图5-30　做里袋三角

（3）做里袋。在前片里反面按样板设计的口袋位置在过面粘无纺衬布一条，两边各比实际袋口长2cm，然后按做大袋的方法制作里袋，如图5-31所示。在制作右里袋时上牙取中，将三角襻夹缝在牙下口。

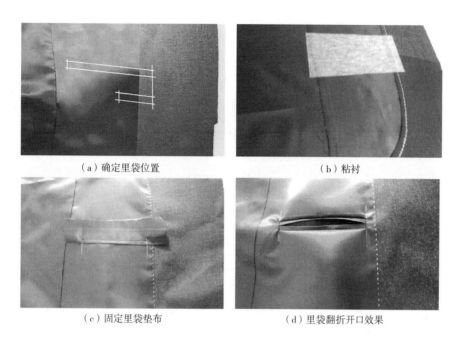

（a）确定里袋位置　　　　　　　　　　（b）粘衬

（c）固定里袋垫布　　　　　　　　　　（d）里袋翻折开口效果

图 5-31　做里袋

8.缝合止口

（1）止口粘衬。首先，在前门襟止口处粘衬。距前门襟止口0.5cm处均匀粘1cm直纱黏合衬条。从领口处粘衬至下摆圆弧处，在前身片下摆圆弧处略给吃量门襟止口，形成自然内弧趋势，圆弧处边粘黏合衬边打剪口，如图5-32所示。在粘好的牵条上从领台开始，画止口净样线，画至下摆圆弧处。

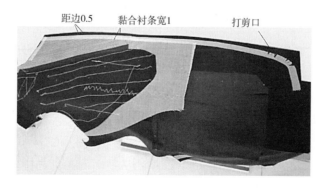

距边0.5　　黏合衬条宽1　　　　打剪口

图 5-32　勾前门襟止口

其次，清剪前门襟止口。前身片经过归拔、粘衬、粘牵条等工艺处理，止口形态已与

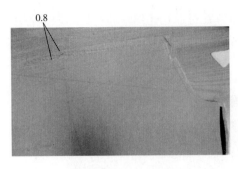

图 5-33 校正前门襟净样尺寸

样板产生差异。将清剪好粘衬的前身片摆正，用前门襟净样板清剪样对准前片上的剪口摆放好，用细笔按净尺寸画出前门襟止口线，如图 5-33 所示。在净印外留 0.8cm 缝份，清剪前门襟止口。

（2）覆过面。将过面的驳头处按大身偏出约 0.5cm 的翻折松量，在第一眼位以下位置将两片摆正，用手针将止口处绷缝，要注意各个部位的松紧程度，从第一眼位到第二眼位下 4cm 处过面略有吃势，厚重面料吃势略多些，薄料略少些。下部的过面需放平，在离圆角 15cm 处过面向外处理略紧，在过面下口横丝缕处再向里拉会拉紧，防止过面过于偏长，从第一眼位向上要做出驳头窝势，过面要松些，如图 5-34 所示。

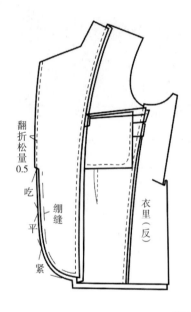

图 5-34 覆过面

（3）缉止口。从绱领点起沿净缝线外 0.1cm 缉缝，缉线准确顺直两片形状要一致，缉时注意驳头，下摆的吃势要平服、自然、位置准确。

（4）清剪前门襟。分层清剪前门作缝，翻折线上部过挂作缝大于衣片作缝，翻折线下部衣片作缝大于过面作缝，翻烫前门襟。

（5）翻烫挂面。在驳领止口处用手针再缝暂固定止口，使之不要倒吐；折倒驳口线，用手针圈缝驳口线，使之固定；在止口下摆片处从正面用手针先固定，如图 5-35 所示。将下摆面摆正，作缝对齐，折烫下摆。

（6）清剪里料。将前衣身正面里摆正，袖窿上方里比面多 1cm，其余清剪掉，如图 5-36 所示。侧缝里比面多 0.3~0.4cm，其余清剪掉。

（7）前身衣片制作完成，其外观效果如图 5-37 所示。

图 5-35　翻烫挂面

图 5-36　清剪袖窿处里料

图 5-37　前身衣片制作完成效果

（二）后身片面、里制作

1. 制作后衣身面

（1）粘衬、合后中缝、粘牵条。将后衣片铺平，在后衣片下摆、后领窝、后袖窿处粘衬，如图 5-38 所示。粘衬时注意不要给吃量。将粘好衬的两片后衣片正面相对、剪口对齐，以 1.5cm 作缝缉缝后中线，稍拉紧下衣片，保证缉缝不吃纵。条格面料要对齐，腰围线以下纱向要直顺，两边对称。

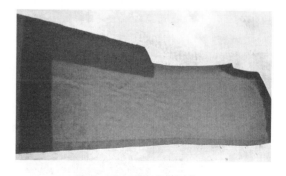

图 5-38　后衣片粘衬位置

（2）缉后袖窿条、缉后领窝条。用口袋面料裁 1cm 的直纱牵带，将裁剪后的直纱带从袖窿边上端开始对齐，距边 0.3cm 进行缉缝，在中间部位留 0.3~0.4cm 的吃量。后领窝牵条要平缝，不能吃纵不能拉伸，从肩点向下 2cm 不吃，从侧缝上去 1.5cm 不给吃量，取中间多吃一点，两边少吃一点，缉完袖窿条后，两边袖窿一定要对称，如图 5-39 所示。

图 5-39　缉缝牵条

（3）归拔后衣身片。把后衣身片摆直，后领窝向下 10~15cm 处归烫 0.2cm 吃量，沿 4cm 底边折边扣烫平整，要求熨烫的后身片底边折边宽窄一致。将合好的后身衣片面用熨斗归烫后背中缝上部，拔出腰节内部弧量。袖窿处稍归，侧缝臀围处归进，腰节处拔开，使之塑造出人体后背立体曲面，如图 5-40 所示。

（a）熨烫后中缝

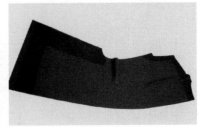

（b）熨拔腰节弧量

（c）分烫后片作缝

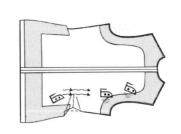

（d）归袖窿拔侧缝

（e）后片归拔后对折展示效果

（f）后衣身片正面归拔后效果

图 5-40　归拔后片

2. 制作侧开衩

（1）画侧开衩位置。折烫底边折边，并用吸风烫定型。折烫开衩，并注意开衩要顺直，吸风烫台定型，如图5-41（a）所示。此后，用熨斗折印烫出的印迹，展开后沿印迹画线。最后，将下摆角完全展开，过开衩折线与底边折边交叉点45°画斜线，完成缉缝的画线工作，如图5-41（b）所示。

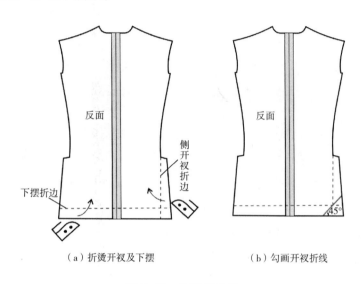

（a）折烫开衩及下摆　　　　　　　（b）勾画开衩折线

图5-41　画开衩位置

（2）勾缝后开衩。将下摆角正面相对，画线与下摆交点及与开衩边交点完全重合，将下摆角摆平，沿画线进行缉缝，缝至折角点止，回1~2针，完成勾开衩工序。将勾好的开衩翻好，熨烫定型，如图5-42所示。

图5-42　勾缝后开衩

3. 制作后身衣片里

（1）合后背缝。将后身衣片里正面相对，以1.5cm作缝辑合后衣片里的背缝线。

（2）整烫后身衣片。倒烫作缝，作缝倒向左片，留0.3~0.4cm眼皮。衣片里下摆按3cm折边熨烫。

（3）清剪作缝。将后背面与后背里反面相对，中缝对正，里料折边比袖折边向上1cm

对齐，如图5-43所示清剪后背里。将清剪好的后背里与后背面正面相对，以1cm作缝缉缝面里并翻烫。

（三）制作领子

根据样板裁剪制作领子所需要的裁片，主要包括翻领面、领座面、领底呢、领芯衬，如图5-44所示。

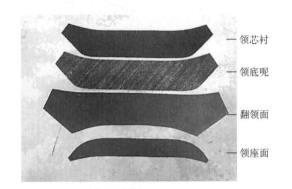

图 5-43　后背里清剪图　　　　　图 5-44　做领子所需裁片

1. 粘领底呢与领芯衬

在领面正面按领净样尺寸画出上领子净印线。要求领面纱向与样板纱向一致，四周留缝份量均匀。将领底呢反面与领芯衬有胶粒的面相对，外领口对齐，其他部位领芯衬应略缩进0.2cm。用熨斗粘牢烫平，领角两端可以不用粘牢，再按样板画出领腰线，如图5-45所示。

图 5-45　确定领腰线

2. 缉领角垫条

揭开两端领角处的领芯衬，如图5-46（a）所示，用三角针压缉领角垫条，垫条长与领宽一致，长约2cm，如图5-46（b）所示。然后用熨斗将领芯衬粘牢，再沿领腰线线迹用平缝机缉缝0.3cm纱带一条，吃量约0.6~0.8cm，均匀吃进，如图5-46（c）所示。领角垫条缉合完成后效果如图5-46（d）所示。

3. 缉缝翻领面与领座面

将翻领面与领座面正面相对，按缝份0.6cm缉缝，劈烫作缝，劈烫平整后正面朝上，在翻领面上压0.1cm领座明线，如图5-47所示。

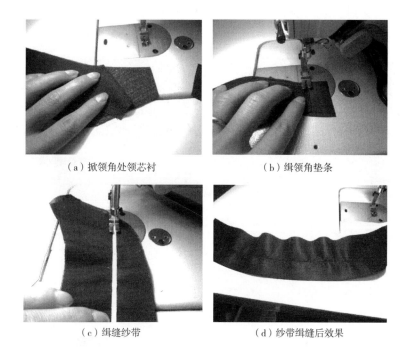

（a）掀领角处领芯衬　　　　　　　（b）缉领角垫条

（c）缉缝纱带　　　　　　　　　（d）纱带缉缝后效果

图 5-46　缉领角垫条

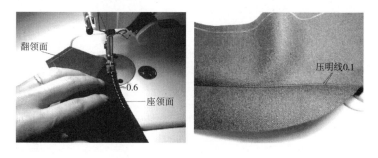

图 5-47　缉缝翻领面与领座面

4.固定领座面与领底呢

将领底呢与领座面外口净印对齐，正面朝上，用花针机三角针绷缝，如图5-48所示。

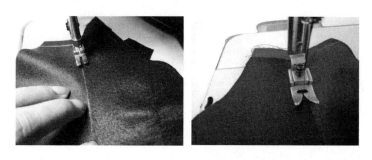

图 5-48　固定领底呢与领座面

5. 劈烫领底作缝

劈烫各作缝，并把领底呢归烫平顺，如图5-49所示。

（a）劈烫领部缝份　　　　　　　（b）领底作缝劈烫后效果

图 5-49　劈烫领底作缝

6. 折烫领外口

折烫领外口，领面吐0.3~0.4cm吃势，再将领底呢沿领腰线折烫定型。折烫平整后的领子可以立体竖起，如图5-50所示。

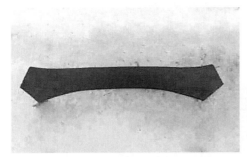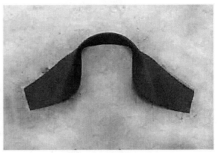

（a）整烫领子　　　　　　　（b）领外口折烫后效果

图 5-50　折烫后领子效果

（四）制作袖子

1. 粘袖口衬

粘袖口衬位置如图5-51所示。

2. 归拔袖片

先将大袖片袖肘处拔开，在后侧袖缝上段10cm处略归拢，袖口部位略拔开，归拔部位从偏袖缝折转摆平为准，为使袖肘合体可将袖肘的吃势拉弯逐渐推归至偏袖线，如图5-52所示，归拔后会产生1cm的弯度，形成美观的袖子外观效果。

3. 缝合袖片

将大袖片和小袖片正面相对，按对位刀口，沿1cm缝份缉合袖面、袖里内缝，如图5-53（a）所示为袖面内缝缝合示意图。袖面缝份劈烫，袖里缝份倒烫，缝份倒向大袖里，留0.2cm眼皮，如图5-53（b）所示。

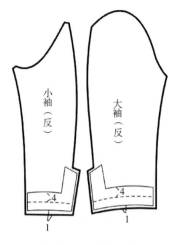

图 5-51　粘袖口衬

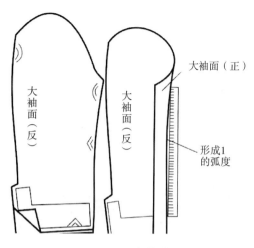

图 5-52　归拔袖片

（a）缝合大袖片与小袖片面料

（b）劈烫袖面缝份

图 5-53　缉合袖片

4. 扣烫袖口折边

按4cm的宽度折烫袖口折边，保证折边平顺，如图5-54所示。

5. 确定袖扣眼位置

在袖面反面画四个袖扣位置。最下面的袖扣位置距离袖口折边位置3.5cm，距离袖口即为3.5cm+袖口折边宽度，其余袖扣间距均为1.5cm，锁眼距边也为1.5cm，如图5-55所示。

图 5-54　测量袖口折边尺寸

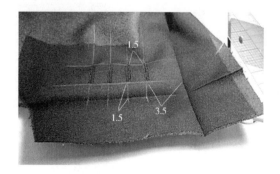

图 5-55　标注扣眼位置

6. 锁眼

将画好锁眼位置的袖片放在锁眼机上，摆正位置锁袖扣眼，如图5-56所示。

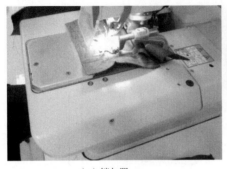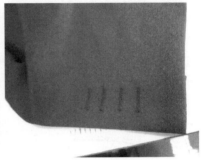

（a）锁扣眼　　　　　　　　　　　（b）袖口眼位置

图 5-56　锁袖扣眼

7. 制作大袖角

将袖片袖口部位平铺，袖开衩摆正，在袖口折边与开衩边交叉点上做标记A，如图5-57（a）所示。将袖口折边打开，标记点A时，袖口折边与袖开衩边交叉于点A的边缘也会有标记印记，印记点就是点B与点C，将两点连线即可，如图5-57（b）所示。将衣片正面对折，点B与点C对齐沿画线进行缉缝，如图5-57（c）所示。将缉缝好的袖片按住里脚翻出，并用锥子将勾角挑平，翻烫开衩即可，如图5-57（d）所示。

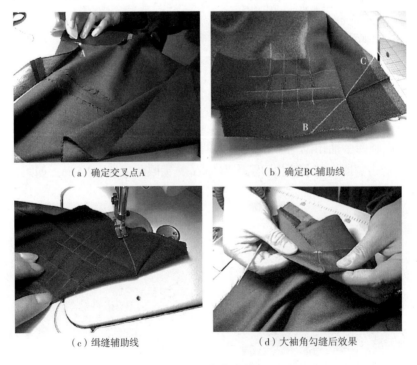

（a）确定交叉点A　　　　　　　　　（b）确定BC辅助线

（c）缉缝辅助线　　　　　　　　　　（d）大袖角勾缝后效果

图 5-57　制作大袖角

8. 制作小袖角、整烫

袖片反面朝外，将小袖口折边进行翻折，距翻折边缘1cm勾缝，绲缝线直顺。将制作完成的小袖角翻过来熨烫平整。

再将袖面对齐，以1cm作缝辑合袖外缝，在开衩拐角处打剪口，如图5-58（a）所示。把开衩固定好，从袖口开始向袖山方向劈烫大袖缝，如图5-58（b）所示。熨烫过程中不能拉抻，要保持纱向顺直。把小袖缝放在模具上，将小袖片纱向摆直，烫时不能拉伸小袖片，在大袖片距小袖缝2.5cm处进行归烫，吸风定型，将大袖吃量烫平。

（a）开衩拐角处打剪口　　　　　　（b）劈烫大袖片缝份

图5-58　整烫袖子

9. 钉扣

将袖子翻过来，与袖眼重合，距边1.5cm钉袖扣，如图5-59所示。用袖扣板对准袖开衩处，袖口与大袖缝净缝完全吻合，点扣位。要求左右扣位高低、宽窄一致。

10. 缝合袖片里料

将大袖、小袖里正面相对，对齐缝份，离净缝线0.3cm绲缝，缝份沿净缝线倒向大袖，如图5-60所示。外侧缝绲缝完后，沿1cm缝份绲合另一条袖缝即可。

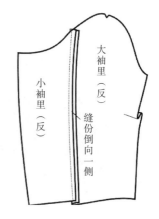

图5-59　钉扣　　　　　　　　　图5-60　合袖里外侧缝

11. 勾袖口

袖面在外，袖里在内，袖面缝份与袖里缝份位置对齐，摆放平整，如图5-61（a）所示。在使袖面与袖里正确配套以后，以1cm作缝勾缝袖口面里，左袖从大袖缝开始勾，右袖从小袖缝开始勾缝一圈，回针固定，如图5-61（b）所示。固定平整，吃量要均匀。袖里与袖面在内外袖缝约中间位置用手针以大针码固定，线迹要松，如图5-61（c）所示。袖口勾缝完成后，袖面、袖里需平服、自然，无扭曲现象，如图5-61（d）所示。

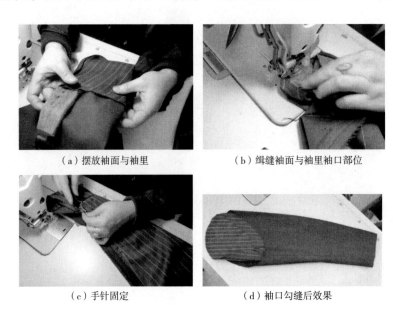

（a）摆放袖面与袖里　　　　　　（b）缉缝袖面与袖里袖口部位

（c）手针固定　　　　　　　　（d）袖口勾缝后效果

图5-61　制作袖口

12.调整袖圆

距袖面边缘0.6cm处用大针码缉缝袖面一圈，抽袖圆，根据面料薄厚，吃量控制在2.5~3.8cm，小袖面不给吃量，如图5-62所示。

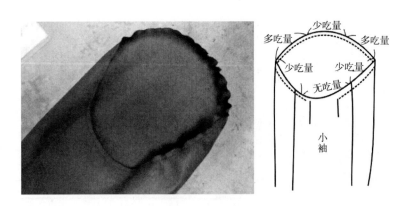

图5-62　调整袖圆

（五）合衣身

1.缝合侧缝

将前衣片面料与后衣片面料正面相对，对准对位标记，沿净缝线缉缝，分缝烫平。衣片面料缝合后，将前衣片里料与后衣片里料正面相对，离开净缝线0.3cm绱缝，缝份沿净缝线倒向后衣片一侧烫平。

2.缝合底边

（1）折烫衣面折边，将缝合好的侧缝衣片里、面放平，衣片面折边按净缝线向上折烫平服。

（2）调整衣里，使衣里的松紧与衣面相适应，衣里底边折边按衣面净缝线长出1cm修剪，其他部位符合裁剪要求。

（3）缝合固定折边里面，将下摆里面正面相对，边缘对齐按1cm缝份绱缝，绱缝时注意要对准里面侧缝、背中缝，如图5-63所示。沿折烫好的折边将缝份缲缝固定在衣面的反面上，注意正面不露出针迹。

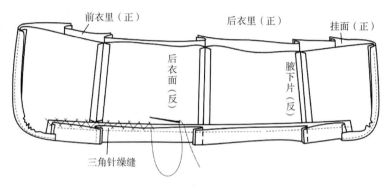

图 5-63 缝合底边折边

（4）翻整烫平底边，将衣身翻向正面，衣里折边留有余量，熨烫平服。再将下摆处挂面、衣里用手针缲缝固定，如图5-64所示。

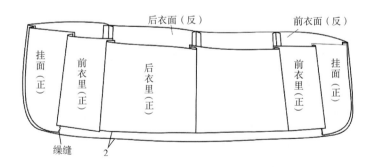

图 5-64 固定下摆挂面、衣里

3.缝合肩缝

缝合肩缝前，需要先检查领圈、袖窿的高低进出是否一致，如果有偏差，需要先修改再缝合。

（1）缝合衣面肩缝。首先，绱肩缝。先把肩缝吃势烫匀，将衣面前肩与后肩正面相对，后肩放下面，沿净缝线缉缝，两端回针固定。缉缝时可将肩缝横丝拉挺，这样斜丝就放松，可以防止肩缝缉还，缉线要求顺直不可弯曲，如图5-65所示。

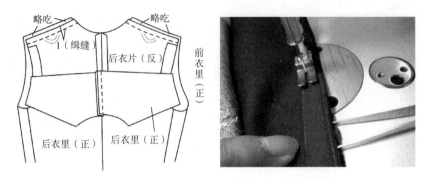

图 5-65 缝合衣面肩缝

其次，分烫肩缝。把肩缝放在烫台上，用熨斗分烫，注意不可以将吃势烫歪。然后将胸绒衬对齐后肩缝缝份，绷缝固定，绷缝时面料与衬头松紧一致，沿着缉线外绷缝，不能离得太远，绷缝要顺直，如图5-66所示。

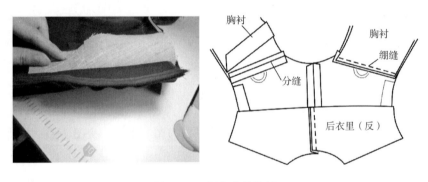

图 5-66 固定肩缝胸衬

（2）缝合衣里肩缝。将衣里前肩与后肩正面相对，净缝线0.3cm处缉缝，后肩缝略有吃势，两端回针固定，缝份倒向后衣身，如图5-67所示。

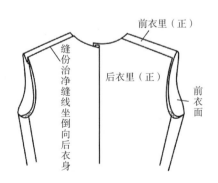

图 5-67 缝合衣里肩缝

（3）临缝固定。劈烫肩缝面，定型后，领窝处用手针三角针临缝固定，避免在后期制作中领口拉抻变形，如图5-68所示。

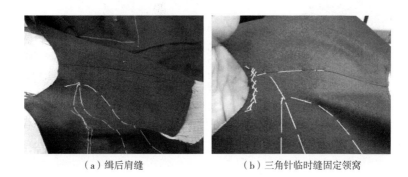

（a）缉后肩缝　　　　　　　　（b）三角针临时缝固定领窝

图5-68　合衣身面里

（六）缂领子

1.缉缝缂领线

在前片正面领口处画出缂领净线印，将领面的缂领净印与串口线净印放在同一位置，对齐领嘴起始点驳头缂领点，如图5-69（a）所示。再沿缂领线净印缉缝，如图5-69（b）所示。缂领线要直顺，左右领嘴长短一致，领尖高低一致，缉线到位，不吃纵，不能接线。领座面下口与大身里领窝缉缝，缉缝过程中各剪口要对齐，条格面料必须保证领面后中线与后背中缝条格对齐。

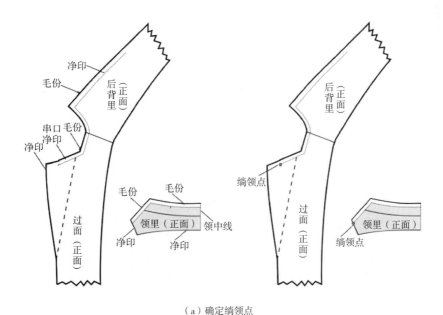

（a）确定缂领点

图5-69

（b）缉缝绱领线

图 5-69　绱领子

2.绷领子

将绱好领面的领子领底呢后中线对准后背中缝，肩点对位剪口对准肩缝，绷领底呢，如图 5-70 所示。绷缝时领面要摆直，剪口对准肩缝点，在前领口处用双面胶固定，将领面翻过来重新熨烫。

图 5-70　绷领子

3.纳花针

在后背正面领窝处画绱领净印线，将领底呢沿净印摆平，大针码临时缝固定，如图 5-71 所示。领底呢朝上，将临时缝好的领底呢用专业花针机三角针固定。将绱好的领子放在模具上熨烫定型。

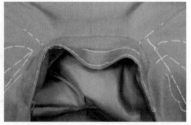

图 5-71　纳花针

4.压明线

领面朝上，沿翻领、领座结合缝处压 0.1cm 明线，如图 5-72 所示。压线过程中，注意保持翻领面余量不变。

图 5-72　压明线

（七）绱袖子、绱垫肩

1.绱袖子

先绱左袖，后绱右袖。从袖窿下对位点开始，调整好袖子的位置和吃量后先用手针作缝0.8cm绷缝，如图5-73（a）所示。然后用专用绱袖机缉缝一周，如图5-73（b）所示。制作过程中，需要注意袖窿后弯处要随衣身自然弯势缝合。

（a）绷缝袖面　　　　　　　（b）缉缝袖面

图 5-73　绱袖面

2.劈烫袖面

待袖面缝合好后将手针绷缝线拆掉，袖山处在肩缝前后各5cm处缝份打剪口，劈烫定型。袖窿其余部分用熨斗尖将缝份从反面烫平即可。

3.绱垫肩

将左右垫肩与大身配置好，垫肩中点与肩缝对齐，从垫肩前端起针，用专业绱垫肩机绱垫肩，如图5-74所示。

4.后整

为保证绱袖状态不变形，在袖窿处将袖窿面、里、衬、垫肩一起用倒钩针进行临时缝，线迹要松，使之自然吻合、服帖，

图 5-74　绱垫肩

如图5-75所示。袖山里与袖窿里用同色线手针暗缭缝，针距均匀，松紧适宜，缝合自然平服。

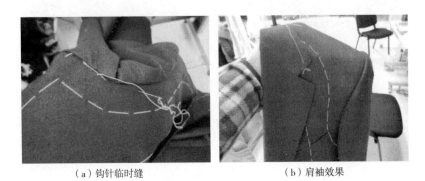

（a）钩针临时缝　　　　　　　　　（b）肩袖效果

图 5-75　后整

（八）锁眼、钉扣

　　将做好的西装左前门襟对准操作者，挂面朝上，按照设计好的位置画锁眼位，并在距止口1.7cm处画出锁眼距边的位置。贴边朝上用专业机锁眼，眼大2cm，如图5-76所示。将西服左右前衣身正面相对，前门襟、止口下摆对齐画钉扣位置。钉扣位置与锁眼位置平齐，钉扣距边2cm，钉扣线每粒不少于12根，并绕柱缠脖，脖高0.3~0.4cm。

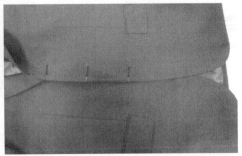

图 5-76　锁眼、钉扣

（九）整烫

1. 整烫前准备工作

　　（1）拆除掉所有临时绷缝线，对西服进行后期整烫。

　　（2）首先在吸风烫台上用熨斗对面料、里料、针眼及制作中产生的褶皱熨烫平整，然后使用专业定型机进行熨烫定型。

2. 整烫衣身

　　对腰身缝定型，分别将侧缝、后背缝摆平放在模具上，调整衣片纱向，保证纱向顺直，衣片平整，踩吸风固定，模具给汽压烫。压烫结束，模具抬起，用冷风将湿汽吸干定型。

3. 整烫衣袖

大、小袖缝定型，分别将大袖缝、小袖缝摆平放在模具上，调整袖片纱向，保证纱向顺直，袖片平整，踩吸风固定，模具给汽压烫，如图5-77所示。压烫结束，模具抬起，用冷风将湿汽吸干定型。

图 5-77 大袖定型

4. 整烫肩部

将成衣穿在立体烫台上，摆正摆平，用固定夹固定。将领竖起，如图5-78（a）所示，踩吸风固定，模具给汽压烫。压烫结束，模具抬起，用冷风将湿汽吸干定型，如图5-78（b）所示，肩部定型完成。成衣保持不动，启动烫袖子模具，如图5-78（c）所示，模具给汽压烫，压烫结束，模具抬起，用冷风将湿汽吸干定型，袖子定型完成，烫完一侧后，换烫另一侧，如图5-78（d）所示。

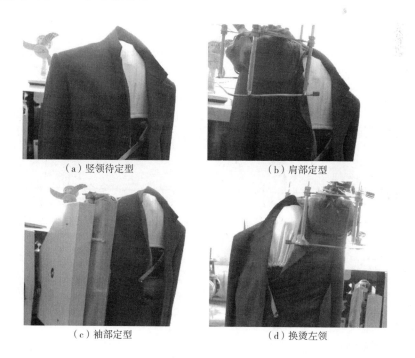

（a）竖领待定型　　（b）肩部定型

（c）袖部定型　　（d）换烫左领

图 5-78 压肩、烫袖子

5. **整烫衣领**

将西装领放下，摆平服，打开激光定位灯，调整成衣位置左右对称，并使翻驳处夹角与激光夹角平行。吸风固定，模具给汽压烫。压烫结束，模具抬起，用冷风将湿汽吸干定型，驳头定型完成，如图5-79所示。

图 5-79　压领子、烫驳头

6. **整烫局部**

各部位整烫定型后，在平台上对定型过程中出现的褶皱再次熨烫，如图5-80所示。至此，完成西装的后期整烫定型工作。

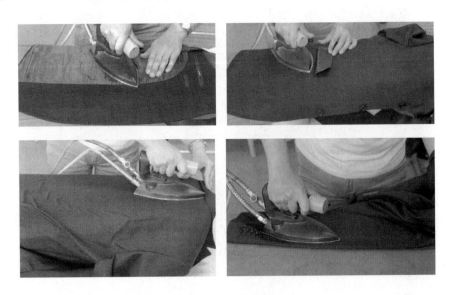

图 5-80　局部整烫

第二节 男装规格

一、男装号型标准

（一）我国服装号型标准的制定

GB/T 1335.1—1981《服装号型》是依据1974~1975年全国人体体型测量的数据结果，找出全国人体体型的规律后由国家标准总局颁布，从1982年1月1日起在全国正式实施。

服装标准的制定顺应了市场经济的发展，由生产型标准向贸易型标准转化，并且要平衡各方利益相关的需要，因此，根据国际标准（ISO）并借鉴有关国家标准，国家技术监督局对原有服装标准作了修改，GB/T 1335.1—1991《服装号型系列》于1986年开始研究修订方案，1989年形成征求意见稿，1991年发布，1992年4月1日正式实施。

为进一步适应市场需求以及消费者需要的变化，利于服装产品质量监督及消费者选购适体服装等，国家对1991年标准进行修改，于1997年11月13日颁布GB/T 1335.1—1997《服装号型男子》标准，从1998年6月1日起在全国实施。

之后，国家服装号型再次更新，由国家质量监督检验检疫总局、国家标准化管理委员会审批，GB/T 1335.1—2008《服装号型男子》与GB/T 1335.2—2008《服装号型女子》两项标准已于2009年8月1日实施，这一次国家服装号型的修改，更利于消费群体、销售群体的应用以及国际间技术的交流。

针对男西服、大衣的要求，检测方法、检验分类规则以及标志、包装、运输和贮藏等，经国家质量监督检验检疫总局、国家标准化管理委员会审批，于2017年12月29日发布新的、更为完善的国家标准GB/T 2664—2017《男西服、大衣》，代替广泛使用的GB/T 2664—2009，并于2018年7月1日正式实施。

（二）男子号型标准的主要内容

1. 服装号型基本原理

（1）号型的定义。号型是一个人体净体数值的概念，不同于服装的规格。号型是指测量后的人体净体尺寸，而服装规格则是根据不同款式、风格、面料等要求，在人体净体测量数据基础上加以适当放松量所获得的成衣尺寸。

号：指人体的身高，以cm为单位表示，是设计和选购服装长短的依据。

型：人体的净体胸围和腰围，以cm为单位表示。对于上装来说型代表胸围，对于下装则代表腰围，是设计和选购服装肥瘦的依据。

（2）体型划分。通常以人体的胸围和腰围的差数为依据来划分人体体型，并将体型分为四类，分类代号分别为Y、A、B、C，见表5-5。

表5-5　体型分类代号及数值　　　　　　　　　　　　　单位：cm

体型分类代号	男：胸围—腰围	女：胸围—腰围
Y	17~22	19~24
A	12~16	14~18
B	7~11	9~13
C	2~6	4~8

Y型：宽肩细腰，胸腰差非常明显，躯干部分瘦且扁平，腹部平坦，肩点与胯宽的连线呈明显倒梯形，大腿结实且细长，体型轮廓线明显。

A型：胸腰差明显，躯干最宽点为肩点，肩点与胯宽的连线呈明显倒梯形，整体体态偏圆。

B型：胸腰差变小，躯干最宽点为肩点，腰围变粗，偏胖，肩点与胯宽的连线渐呈圆柱形。

C型：胸腰差小，甚至会成负数，腰围很粗，肩点与胯宽的连线呈圆柱形。

（3）号型标志：

①上下装分别标明号型。

②号型表示方法：号与型之间用斜线分开，后接体型分类代号。如：上装175/92A，其中，175代表号，92代表型，A代表体型分类；下装175/78A，其中，175代表号，78代表型，A代表体型分类。

2.号型系列

号型系列是把人体的号和型进行有规则的分档排列，是以各体型的中间体为中心，向两边依次递增或递减组成。按照国标的规定，身高以5cm分档，胸围以4cm和3cm分档，腰围以4cm和2cm分档，组成5·4和5·2号型系列。其中，上装采用5·4号型系列，如表5-6所示为男子5·4、5·2Y系列。

表5-6　男装上衣尺码详细对照表　　　　　　　　　　单位：cm

胸围	身高											
	腰围											
	160		165		170		175		180		185	
80	60	62	60	62	60	62	60	62	—	—	—	—
84	64	66	64	66	64	66	64	66	64	66	—	—
88	68	70	68	70	68	70	68	70	68	70	68	70
92	72	74	72	74	72	74	72	74	72	74	72	74
96	—	—	76	78	76	78	76	78	76	78	76	78
100	—	—	—	—	80	82	80	82	80	82	80	82

（三）《男西服、大衣》号型标准的主要内容

1. 范围

GB/T 2664—2017《男西服、大衣》中规定了男西服和大衣的要求、检测方法、检验分类规则，以及标志、包装、运输和贮藏等，适用于以毛、毛混纺及交织织物、仿毛等机织物为主要面料生产的男西服、大衣等毛呢类服装。

2. 要求

（1）原材料：

①面料：按国家有关纺织面料标准选用符合标准质量要求的面料。

②里料：采用与面料性能、色泽相适宜的里料，特殊设计除外。

③辅料：

·衬布采用与面料性能、色泽相适宜的衬布。

·垫肩采用棉或化纤等材料。

·缝线：采用适合所用面辅料、里料质量的缝线。钉扣线应与面料色泽相适宜；钉商标线与商标底色相适宜（装饰线除外）。

·纽扣和附件采用适合所用面料的纽扣（装饰扣除外）及附件。纽扣及附件应光滑、耐用，经洗涤和熨烫后不出现变形、变色、生锈、掉漆等现象。

（2）经纬纱向：

①前身：纬纱偏斜不大于0.5cm，条格料不允许偏斜。

②后身：经纱以腰节下背中线为准，西服偏斜不大于0.5cm，大衣倾斜不大于1cm；条格料不允许偏斜。

③袖子：经纱以前袖缝为准，大袖片偏斜不大于1cm，小袖片偏斜不大于1.5cm（特殊工艺除外）。

④领面：纬纱偏斜不大于0.5cm，条格料不允许偏斜。

⑤袋盖：与大身纱向一致，斜料左右对称。

⑥过面：以驳头止口处经纱为准，不允许偏斜。

（3）对条对格：

①面料有明显条、格在1cm以上的，按表5-7规定执行。

表5-7 对条、对格要求

部位	对条对格规定
左右前身	条料对条，格料对横，互差不大于0.3cm
手巾袋与前身	条料对条，格料对格，互差不大于0.2cm
大袋与前身	条料对条，格料对格，互差不大于0.3cm
袖与前身	袖肘线以上与前身格料对横，两袖互差不大于0.5cm
袖缝	袖肘线以上与后袖缝格料对横，互差不大于0.3cm

部位	对条对格规定
背缝	背部条料对称，格料对横，互差不大于0.2cm
背缝与后领面	条料对条，互差不大于0.2cm
领子、驳头	条格料左右对称，互差不大于0.2cm
摆缝	袖窿以下10cm处，格料对横，互差不大于0.3cm
袖子	条格顺直，以袖山为准，两袖互差不大于0.5cm

注　特别设计不受此限制。

②面料有明显条、格在0.5cm以上的，手巾袋与前身条料对条，格料对格，互差不大于0.1cm。

③倒顺毛、阴阳格原料，全身顺向一致。

（4）拼接。大衣挂面允许两接一拼，位置在最下一至二档扣眼之间，避开扣眼位置，在两扣眼距离之间拼接。西服、大衣挂面允许两接一拼，其他部位不允许拼接。

（5）色差。袖缝、摆缝色差不低于4级，其他表面部位高于4级。套装中上装与下装的色差不低于4级。

（6）外观瑕疵。成品各部位疵点允许存在程度见表5-8。表5-8中的1号部位、2号部位、3号部位对应在西服上，如图5-81所示。

表5-8　成品各部位瑕疵点允许存在程度范围

疵点名称	各部位允许存在程度		
	1号部位	2号部位	3号部位
纱疵	不允许	轻微，总长度1cm或总面积0.3cm²以下；明显不允许	轻微，总长度1.5cm或总面积0.5cm²以下；明显不允许
毛粒	1个	3个	5个
条印、折痕	不允许	轻微，总长度1.5cm或总面积1cm²以下；明显不允许	轻微，总长度2cm或总面积1.5cm²以下；明显不允许
斑疵（油污、锈斑、色斑、水渍）	不允许	轻微，总面积0.3cm²以下；明显不允许	轻微，总面积0.5cm²以下；明显不允许
破洞、磨损、蛛网	不允许	不允许	不允许

注　1. 各部位只允许一处存在不同程度疵点。

　　2. 轻微疵点指直观上不明显，通过仔细辨识才可看到的疵点；明显疵点指直观上较明显，影响总体效果的疵点。

　　3. 优等品前领面及驳头不允许出现疵点。

　　4. 未列入本标准的疵点，按其形态参照表中所列相似疵点判定。

图 5-81　西服上瑕疵点标注部位

（7）缝制：

①针距密度见表5-9，特殊设计除外。

表5-9　针距要求

项目		针距密度	备注
明暗线		3cm长度中11~13针	—
包缝线		3cm长度中不少于9针	—
手工针		3cm长度中不少于7针	肩缝、袖窿、领子不低于9针
手拱止口/机拱止口		3cm长度中不少于5针	—
三角针		3cm长度中不少于5针	以单面计算
锁眼	细线	1cm长度中12~14针	—
	粗线	1cm长度中不少于9针	—
钉扣	细线	每孔不少于8根针	纽脚线高度与止口厚度相适宜
	粗线	每孔不少于4根针	

注　细线指20tex及以下缝纫线；粗线指20tex及以上缝纫线。

②各部位缝制线迹顺直、整齐、牢固。西服表面主要部位缝制皱缩按《男西服外观起皱样照》规定，不低于4级。

· 各部位缝制线路顺直、整齐、牢固。

· 缝份宽度不小于0.8cm（开袋、领止口、门襟止口缝份等除外）。起落针处应有回针。

· 上下线松紧适宜，无跳线、断线、脱线、连根线头，底线不得外露。

· 领子平服，领面松紧适宜。

· 绱袖圆顺，前后基本一致。

· 绲条、压条要平服，宽窄一致。

· 袋布的垫料要折边或包缝。

· 袋口两端应打结，可采用套结机或平缝机回针。

· 袖窿、袖缝、底边、袖口、过面里口、大衣摆缝等部位叠针牢固。

· 锁眼定位准确，大小适宜，扣与眼对位，整齐牢固。纽脚高低适宜，线结不外露。

· 商标、号型标志、成分标志、洗涤标志位置端正、清晰准确。

· 各部位明线和链式线迹不允许跳针，明线不允许接线，其他缝纫线迹30cm内不得有两处单跳或连续跳针，不得脱线。

（8）外观质量。西服各部位的外观质量标准见表5-10。

表5-10　外观质量

部位名称	外观质量规定
领子	领面平服，领窝圆顺，左右领尖不翘
驳头	串口、驳口顺直，左右驳头宽窄、领嘴大小对称，领翘适宜
止口	顺直平挺，门襟不短于里襟，不搅不豁，两圆头大小一致
前身	胸部挺括、对称，面衬、里衬服帖，省道顺直
袋、袋盖	左右袋高、低、前、后对称，袋盖与袋口宽相适宜，袋盖与大身的条纹一致
后背	平服
肩	肩部平服，表面没有褶，肩缝顺直，左右对称
袖	绱袖圆顺，吃势均匀，两袖前后、长短一致

（9）整烫外观：

①各部位熨烫平服、整洁，无烫黄、水渍、亮光。

②粘黏合衬部位不允许有脱胶、渗胶、起皱，各部位表面不允许有沾胶。

3. 成品规格测定

成品测定的主要部位和方法，见表5-11。

表5-11　成品测定部位及方法

部位名称		测量方法
衣长		由前身左襟肩缝最高点垂直量至底边，或由后领中点垂直量至底边
胸围		扣上纽扣，前、后身摊平，沿袖窿底缝水平横量（计算周长）
领大		领子摊平横量，搭门除外
总肩宽		由肩袖缝的交叉点横量
袖长	装袖	由袖山最高点量至袖口边中间
	连肩袖	由后领中点过袖山最高点量至袖口边中间

注　特殊需要按企业规定。

4.检验分类规则

成品检验分为出厂检验和型式检验。

成品质量等级划分以缺陷是否存在及其轻重程度为依据。抽样样本中的单件产品以缺陷的数量及其轻重程度划分等级。

（1）缺陷。

①单件产品不符合本标准所规定的技术要求即构成缺陷。

②按照产品不符合标准和对产品的性能、外观的影响程度，将缺陷分成三类：

·严重缺陷，严重降低产品的使用性能，严重影响产品外观的缺陷，称为严重缺陷。

·重缺陷，不严重降低产品的使用性能，不严重影响产品的外观，但较严重不符合标准规定的缺陷，称为重缺陷。

·轻缺陷，不符合标准的规定，但对产品的使用性能和外观影响较小的缺陷，称为轻缺陷。

（2）质量缺陷判断依据。成品质量缺陷判断依据，见表5-12。

表5-12　质量缺陷判断依据

项目	序号	轻缺陷	重缺陷	严重缺陷
使用说明	1	商标、耐久性标签不端正，明显歪斜；钉商标线与商标底色的色泽不适应；使用说明内容不规范	使用说明内容不正确	使用说明内容有缺陷
辅料	2	缝纫线色泽、色调与面料不相适应；钉扣线与扣色泽、色调不适应	里料、缝纫线的性能与面料不适应	—
锁眼	3	锁眼间距互差大于0.4cm；偏斜大于0.2cm，纱线绽出	跳线、开线、毛露、露开眼	
钉扣及附件	4	扣与眼位互差不大于0.2cm（包括附件等）；钉扣不牢	扣与眼位互差不大于0.5cm（包括附件等）	纽扣等附近脱落、金属件锈蚀
经纬纱向	5	纬斜超本标准规定50%以内	纬斜超本标准规定50%以上	—
对条对格	6	对条、对格超本标准规定50%以内	对条、对格超本标准规定50%以上	面料倒顺毛，全身顺向不一致
拼接	7	—	拼接不符合	—
色差	8	表面部位色差不符合本标准规定的半级以内；衬布影响色差低于4级	表面部位色差不符合本标准规定的半级以上；衬布影响色差低于3~4级	
外观疵点	9	2号部位、3号部位超本标准规定	1号部位超本标准规定	破损等严重影响使用和美观
针距	10	低于本标准规定2针以内（含2针）	低于本标准规定2针以上	—

项目	序号	轻缺陷	重缺陷	严重缺陷
规格允许偏差	11	规格超过本标准规定50%以内	规格超过本标准规定50%以上	规格超过本标准规定100%以上
外观及缝制质量	12	—	—	使用黏合衬部位脱胶、渗胶、起皱
	13	领子、驳头面、衬、里松紧不适宜；表面不平整	领子、驳头面、衬、里松紧明显不适宜、不平挺	—
	14	领口、驳口、串口不顺直；领子、驳头止口反吐	—	—
	15	领尖、领嘴、驳头左右不一致，尖圆对比互差大于0.3cm；领豁口左右明显不一致	—	—
	16	领窝不平顺、起皱；绱领（领肩缝对比）偏斜大于0.5cm	领窝严重不平顺、起皱；绱领（领肩缝对比）偏斜大于0.7cm	—
	17	领翘不适宜；领外口松紧不适宜；领座外露	领翘严重不适宜；领座外露大于0.2cm	—
	18	肩缝不顺直；不平服	肩缝严重不顺直；不平服	—
	19	两肩宽窄不一致，互差大于0.5cm	两肩宽窄不一致，互差大于0.8cm	—
	20	胸部不挺括，左右不一致；腰部不平服；省位左右不一致	胸部严重不挺括；腰部严重不平服	—
	21	袋位高低互差大于0.3cm；前后互差大于0.5cm	袋位高低互差大于0.8cm；前后互差大于1cm	—
	22	袋盖长短、宽窄互差大于0.3cm；口袋不平顺、不顺直；嵌线不顺直、宽窄不一致；袋角不整齐	袋盖小于袋口（贴袋）0.5cm（一侧）或小于嵌线；袋布垫料毛边无包缝	—
	23	门襟、里襟不顺直，不平服；止口反吐	止口明显反吐	—
	24	门襟长于里襟，西服大于0.5cm，大衣大于0.8cm；里襟长于门襟；门里襟明显搅豁	—	—
	25	眼位距离偏差大于0.4cm；眼与扣位互差0.4cm；扣眼歪斜、眼大小互差大于0.2cm	—	—
	26	底边明显宽窄不一致；不圆顺；里子底边宽窄明显不一致	里子短，面明显不平服；里子长，明显外露	—

续表

项目	序号	轻缺陷	重缺陷	严重缺陷
外观及缝制质量	27	绱袖不圆顺、吃势不适宜；两袖前后不一致大于1.5cm；袖子起吊、不顺	绱袖不圆顺；两袖前后不一致大于2.5cm；袖子起吊、不顺	—
	28	袖长左右对比互差大于0.7cm；两袖口对比互差大于0.5cm	袖长左右对比互差大于1cm；两袖口对比互差大于0.8cm	—
	29	后背不平、起吊；开衩不平服、不顺直；开衩止口明显搅豁；开衩长短互差大于0.3cm	后背明显不平服、起吊	—
	30	衣片缝合明显松紧不平；不顺直；连续跳针（30cm内出现两个单跳针按连续跳针计算）	衣片表面部位有毛、脱、露；缝份小于0.8cm；链式缝迹线跳针有1处	衣片表面部位有毛、脱、露严重影响使用和美观
	31	有叠线部位露叠2处及以下；衣里有毛、脱、露	有叠线部位露叠超过2处	—
	32	明线宽窄不一致、弯曲	明线接线	—
	33	滚条不平服、宽窄不一致；腰节以下活里没包缝	—	—
	34	轻度污渍；熨烫不平服；有明显水渍、亮光；表面有大于1.5cm的连续线头3根及以上	有明显污渍、污渍大于2cm²；水渍大于4cm²	有严重污渍、污渍大于30cm²；烫黄等严重影响使用和美观

注　1. 以上各缺陷按序号逐项累计计算。

2. 本规则未涉及的缺陷可根据标准规定，参照规则相似缺陷酌情判定。

3. 丢工为重缺陷，缺件为严重缺陷。

4. 理化性能一项不合格即为该抽验批次不合格。

（3）质量缺陷判定规则。

优等品：严重缺陷数 =0　　重缺陷数 =0　　轻缺陷数 ≤4

一等品：严重缺陷数 =0　　重缺陷数 =0　　轻缺陷数 ≤6 或

　　　　严重缺陷数 =0　　重缺陷数 ≤1　　轻缺陷数 ≤3

合格品：严重缺陷数 =0　　重缺陷数 =0　　轻缺陷数 ≤8 或

　　　　严重缺陷数 =0　　重缺陷数 ≤1　　轻缺陷数 ≤6

二、男装服装号型的应用

服装号型是成衣规格设计的基础，根据服装号型标准规定的控制部位数值，加上不同的放松量来设计服装规格。一般来讲，我国内销服装的成品规格都应以号型系列的数据作为规格设计的依据，都必须按照服装号型系列所规定的有关要求和控制部位数值进行设计。

1. 服装号型标准规定的服装成品规格的档差数值

服装号型标准详细规定了不同身高、不同胸围及腰围等人体各测量部位的分档数值，这实际上就是规定了服装成品规格的档差值。

以中间体为标准，当身高增减5cm，净胸围增减4cm，净腰围增减4cm或2cm 时，服装主要部位成品规格的档差值如表5-13所示。

表5-13　男子服装主要成品规格档差值　　　　　　　　单位：cm

部位	身高	后衣长	袖长	裤长	胸围	领围	总肩宽	腰围		臀围	
档差值	5	2	1.5	3	4	0.8	1	5·4	4	Y、A	B、C
								5·2	2	3.6、1.8	3.2、1.6

2. 服装号型国家标准的应用步骤

（1）确定产品的适用范围，包括性别、身高、胸围、腰围的区间及体型。

（2）确立中间体。

（3）找出标准中关于各类体型中间体测量部位的数据。

（4）根据计算公式将上述数据转换成中间体服装成品规格。

（5）以中间体的规格为基准，按档差值有规律性地增减数据，推出区间内各档号型的服装成品规格。

（6）技术部门按各档规格数据制作生产用样板，并考虑批量、流水生产因素，适当在成品规格基础上增加一些余量，如对于质地比较紧密的面料，可在衣长、裤长、裙长规格上再增加0.5cm，袖长规格上增加0.3cm等。

（7）销售部门根据产品销往地区的设想按标准所列出的体型分布情况，确定各档规格的投产数，落实生产与销售。

（8）质检部门依据服装号型的上述生产原则及标准规定，检验产品规格设置及使用标志是否一致，是否准确。

 思考与练习

1. 请自主选择一款西服上衣并合理绘制其工艺流程图。

2. 男西服前衣身哪些部位需要敷牵条？

3. 男西服上衣推、归、拔工艺的要求及方法是什么？

4. 请熟练掌握男西服上衣的缝制工艺。

基础理论与应用实操——

成衣后期整理

课题名称：成衣后期整理

课题内容：1. 后整理

           2. 包装

           3. 储运

课题时间：6课时

教学目的：了解成衣后期整理的方法

教学方式：理论讲解与实践制作

教学要求：1. 了解成衣后期整理所包含内容

           2. 掌握常见污渍的去除方法

           3. 了解成衣储运所包含内容

课前（后）准备：西服的后期包装

第六章 成衣后期整理

第一节 后整理

对于批量生产的服装，整理是指按照一定生产次序、工序流程和品质要求，对有关原辅料、设备、半成品和成品、场地加以特殊处理，以确保工序衔接合理，流水生产线畅通，品质符合标准和工艺要求，并促使产品的整个生产过程始终保持一定的节奏，达到节能、顺畅、提高生产效率的目的。在服装行业中，传统服装整理工艺是指清除污迹、线头，熨烫平整，修复布疵等。

一、污渍整理

服装加工过程中不可避免地会沾染污渍，污渍不但会影响服装外观，而且分解后会为细菌或微生物提供繁殖的条件，对人体造成伤害。因此，在成衣后期整理过程中，检查衣物表面是否存在污渍，并设法除去污渍，也成为后期整理的重要工作之一。

1. 污渍种类

加工过程中造成服装表面的污渍种类繁多，根据它们的成分不同，大体可以分为以下两类：

（1）油污类：包括机油等油溶性物质。

（2）水化类：包括汗、墨、圆珠笔、油、铁锈等。

2. 常见污渍的去除方法

对在服装生产过程中较为常见的污渍去除方法，见表6-1。

表6-1 常见污渍去除方法

污渍名称	去除方法
机械油	将有污渍的部位浸入汽油中用手轻搓，取出后用旧布在污渍处轻力擦拭。若仍有残迹，可用软毛牙刷蘸少量汽油沿布料的纹路轻轻刷，再用洗涤液洗去残痕
彩色划粉迹	用小刷先刷去表面粉污，再将污处浸入冷水内，用少量肥皂涂擦，轻轻揉搓即除。白色棉织物上的红划粉迹用上述方法如去不掉，可再放入经稀释过的30~40℃次氯酸钠溶液中，轻轻摆动几下即除，然后漂洗干净
圆珠笔油渍	先将有污渍的部位用冷水浸湿，再用苯或四氯化碳对污染处擦洗即可消除污渍。还可以将污渍浸湿后，涂上些牙膏另加少量肥皂轻轻揉搓，如留有残痕，再用酒精清除

续表

污渍名称	去除方法
墨迹	墨汁的主要成分是炭黑与骨胶，新渍可先用温洗涤液洗，再用米饭粒涂于污处轻轻揉搓即除。也可用温洗涤液洗一遍，再用由1份酒精、2份肥皂和2份牙膏制成的糊状物涂于污渍处，双手反复揉搓后用清水漂洗即可除去
汗渍	方法一：把衣服上有汗渍的地方浸入3%的食盐水中3个小时，然后用洗涤液洗去 方法二：用5%的醋酸溶液和5%的氨水轮流擦拭汗渍处，然后用冷水漂洗干净 方法三：在汗渍处用姜汁和冬瓜汁擦洗
霉斑	陈霉斑可在淡氨水中浸泡几分钟后，用高锰酸钾溶液处理。若是新霉斑可先用刷子刷净，后用酒精擦拭，再用清水洗净。丝绸面料上的霉斑可用柠檬酸液洗涤。白色棉织品上的霉斑可将其浸入10%氯酸钠冷溶液中，1小时后斑渍即可除去
锈斑	白色棉织品或与棉交织的白色织品沾染铁锈后，可在锈斑处放上一小粒草酸，滴少许温水来回拨动，污渍去除后，再用清水漂洗干净即可。也可用热水将锈渍处浸湿，涂上稀硫酸或草酸溶液，用清水漂净
血渍	因血渍中的主要成分为蛋白质，会遇热凝固，所以去除血渍要在冷水中进行，先浸泡，再擦些肥皂反复揉搓即除。如洗不掉再改用氨水洗。有残留痕迹的白色棉织品，可用漂白剂将其漂白，用温的加酶洗衣粉洗涤血渍，效果也较好

3. 去除污渍注意事项

去除服装污渍是一项细致的工作，不恰当的处理不仅会影响衣物的色泽和外观，严重的还会对服装面料造成损伤，去除污渍时要注意以下几点：

（1）服装沾上污渍后要马上去除，不要放置时间过长，若时间过长，污渍就会渗透到纤维内部，与纤维紧密结合或与纤维发生化学反应，消除则会更难。

（2）要正确识别污渍，避免因识别污渍不当而出现除渍方法失误。

（3）要根据服装面料的种类和污渍的种类选用除渍的去污剂和除渍的方法，即使同一污渍在不同布料上出现，清除时所用去污剂和方法也各不相同。甚至同一布料，只因颜色深浅不同，选用的去渍方法和去污剂也不同，若遇深色面料，在使用去污剂时应先试样为妥。

（4）擦渍时注意由浅入深，可先从污渍边缘向中间擦，防止污渍向外扩散，同时注意用力力度，避免服装面料起毛。

（5）为防止面料经除渍后遗留黄色污迹，操作中应注意无论用何种去污材料，当织物表面污渍去除后，均应立即用牙刷蘸清水将织物遇水面积刷得大些，然后在周围喷少量水，使其逐渐淡化，以消除明显的边痕。

（6）丝织物、毛织物除污渍，一般不用氨水或碱水，必须使用时应淡化其浓度，操作迅速。

（7）当使用去污剂时要注意：使用草酸去污时要避免草酸溶液长时间留在服装面料上，由于草酸具有毒性，浓草酸极易损伤衣料，最好用温水稀释，或擦洗后及时清除溶液；由于高锰酸钾具有强氧化性，会破坏面料颜色，使用前可在衣料的边角部位进行试验，若不褪色再用；松节油、汽油、酒精是易燃品，使用时切勿近火。

二、线头整理

消费者在购买服装过程中，会通过简单检查服装表面是否存在线头、线迹是否工整等来评价所购买服装，因此，线头的整理会成为影响服装价值的因素之一。线头又称毛梢，可分为死毛梢和活毛梢两种。死毛梢是未剪的线头，也有布纱头（包缝不净造成）；活毛梢是剪断后仍留在服装上没有去除的线头。许多缝纫机都带有自动或半自动剪线机构，以保证缝纫线头小于4mm，但大多仍由人工修剪。线头的整理方法主要有三种：

（1）手工处理：用手将线头取下后放入水盒或其他不易使其飞跑的容器内，以防二次粘上衣服，这种方法适用于死线头处理。

（2）粘去法：用不干胶纸或胶滚轮粘去毛梢，此方法适用于活线头，工厂中常用此法。

（3）吸取法：用吸刷毛机，先将活线头刷掉，同时通过抽风箱吸走，是目前最通用的方法，既省工，效率也高。

第二节　包装

包装作为展示物品的外在形式，既可以提高商品的整体价值，又可以使消费者产生购买欲，提升商品的附加价值。

一、包装的概念及分类

包装是指在流通过程中，为保护产品、方便储运、促进销售，依据不同情况而采用的容器、材料、辅助物及所进行操作的总称。就服装而言，服装产品包装有衬衫包装、服饰包装、内衣包装、T恤包装等类别。一般情况下，服装包装按包装用途划分主要分为销售包装和工业包装。

1. 销售包装

销售包装又称内包装或小包装，是以销售为目的的包装，起着直接保护商品的作用。销售包装直接接触商品并随商品进入零售网点与消费者或用户直接见面，为了适应商品市场竞争和满足多层次消费需求，要不断对销售包装进行改进与创新。销售包装上大多印有商标、产品说明、单位，具有宣传产品、指导消费的作用。

2. 工业包装

工业包装又称运输包装，是物资运输、保管等物流环节所需要的必要包装。主要是运用木板、纸盒、泡沫塑料等材料将大量包装件进行大体积包装，注重安全性和运输方便，不讲究外部设计。

二、包装材料及包装方法

伴随着社会的发展，人们对包装的认识逐渐由最基本的包装功能，演化至装饰、促销功能的体现。对于服装产品而言，包装材料及形式更是变化万千，成为激发消费者购买欲望的有力工具。生活中最常见的服装包装材料主要有包装袋、包装盒和包装箱三大类，也包括一些其他配套的物件。

1. 包装材料

（1）包装袋。对于服装产品而言，包装最为常见的有塑料袋、纸质袋和无纺布袋，如图6-1所示。包装袋又分内包装袋和外包装袋两种。内包装袋一般选用无色、透明的塑料材料制成，它是最贴近服装产品的包装材料，内包装袋的规格大小可根据服装产品的外形而定，质地不宜太厚，无异味。外包装主要体现品牌风格，设计各不相同，但一般都装有拎绳或拎襻，质地有一定厚度及坚牢度，方便购物者携带，可体现整个产品的设计风格，使消费者印象深刻。

| （a）塑胶袋 | （b）纸质包装袋 | （c）无纺布袋 |

图6-1 包装袋

（2）包装盒。包装盒主要用于一些立体感较强，怕挤压，折叠后需要保持一定空间的服装产品。包装盒多采用有一定张力的纸质材料制成，男士衬衫、丝织品、羊毛衫等，大部分采用包装盒包装，如图6-2所示，在包装盒的表面通常印有产品介绍和品牌宣传资料。

（3）包装箱。包装箱的质地较为厚实，体积也较大，多采用瓦楞纸板制成，在服装的装卸及运输过程中起到保护服装的作用。在包装箱的表面一般印有生产单位名称、品名、生产批号、货号、等级、规格、数量、出厂日期、发货目的地、收货单位及搬运警示符号等，使经办人员一目了然。包装箱包装服装产品通常有四种搭配装箱方式：独色独码（一种颜色一种规格）、混色独码（多色彩一种规格）、独色混码（一种色彩多种规格）和混色混码（多色彩多种规格）。

图 6-2　包装盒

（4）其他配件。为达到更好的包装效果，在包装过程中会用到吊挂衣架、板纸、衬纸、夹件、托件、支撑物、油纸等辅助定型用品。吊挂衣架是服装产品立体包装中必不可少的物件，多用塑料制成。纸板和夹件多用于衬衫和针织服装，产品折叠后内衬纸板，并用夹件固定，产品外观挺括、平整。衬纸多用于需折叠的丝绸等高档服装产品，可缓解衣料之间的摩擦，保持衣料的光泽度。托件多用于男士衬衫的领子部位，有纸质和塑料薄片材料，可确保折叠和包装后的衬衫领子立体不变形。支撑物和油纸等多用于大型包装箱。

2. 包装方法

服装产品的包装方法主要有折叠法和吊挂法两种，一些造型特殊的扭皱类服装所需的绞卷方式，原则上也归为折叠包装法。折叠包装法是将服装按照一定的外形规格要求折叠后，直接装入塑胶袋或包装盒内，可以直观地看到服装的衣领、前肩和前胸的上半部等主要位置。吊挂包装法适用于中、高档服装产品，是将衣架置于服装的肩、领部位，拎起后，外套塑胶包装袋进行吊挂包装，可以直观产品前、后全貌，服装外形整体性强，能较好地保持服装整烫后的平整度及立体造型，但占用面积过大，耗时、耗料，包装数量受限，不易于大批量搬运。

第三节　储运

服装储运指服装的储存和运输两个方面，包括产品入库、保管、装卸、运输、配送和销售等过程。服装储运属于服装物流环节，有包装、装卸、运输、保管、流通加工、配送、物流情报等功能，改变传统储运为现代物流，是服装生产与销售的必然结果。

一、服装储存标志

1. 防湿标志

防湿标志以雨伞图形表示。

2. 收发货标志

收发货标志是主要让收发货人识别货物的标志，又称唛头，通常由简单的几何图形、字母数字及简单的文字组成，如图6-3所示。内销产品的收发货标志包括品名、货号、规格、颜色、毛重、净重、体积、生产厂、收货单位、发货单位等。出口产品的收发货标志包括收发货人主要使用的简字或代号、符号，产品体积、重量以及生产国与出口国等。

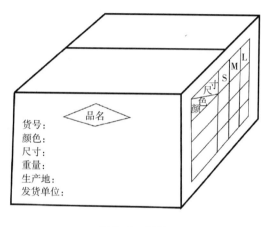

图6-3　唛头

3. 货签

货签是加在运输包装件上的一种标签，内容包括运输号码、发货人、收货人、始发地、目的地、货品名称与件数等。

二、存储要求

任何产品的加工都需一定原材料及时间，在一段时间内，如何对原材料和产品进行存库管理是每一个企业都不容忽视的重要问题。

1. 入库要求

（1）对仓库的要求。仓库存放物资应做到布局合理，堆放整洁，保证过道畅通，防火标志醒目。服装企业仓库通常要求相对湿度在65%左右，干燥通风不漏水，产品尽可能整理上架，做到不沿窗、不着地、不靠墙，对存放时间较长的产品要经常进行翻箱整理。

（2）入仓验收。各种原材料和成品入仓时，要根据单据对其数量和重量进行检验。

2. 仓库管理要求

仓库是企业储存原料、半成品、成品的场所，服装生产企业的仓库一般包括原料（主料）库、辅料库与成品库，服装企业仓库管理工作有以下几点：

（1）保存物料的储存，及时供应生产所需的原料。对入库物料进行检验、收料、发料、存储、入账、盘点，以及废料的处理等。

（2）仓库管理——收料，及时检查采购物料的数量和品质。仓库管理员检验和清点送来物料的种类、数量以及是否合格，填写入库单，发现数量不足和品质不合格时，通知供销科补足或更换，每种物料存放在固定的地方，便于清点和发料。

（3）仓库管理——发料，为生产提供原辅料和机物料。使用部门填写领料单后才能从仓库领取物料。仓管员根据领料单所填数量分发物料。

（4）仓库管理员要定期做好盘点，计算仓库内现有的物料种类与数量，掌握和明了库存的实际情况，作为采购或进货的参考。物料经盘点后，若发现实际库存数量与账面结存数量不符，除追查差异的原因外，还要编制盘点损益单，经审批后调整账面数字，使之与实际数字相符。

（5）仓库管理员要做好物料出入库的日报和月结存表，以供相关部门使用。

3. 运输要求

对于批量生产的服装，运输工序主要包括搬运和装卸两个方面，也指企业内部的搬运装卸和产品出货搬运装卸两类。

企业内部的搬运和装卸主要是为保证产品各工序流程间的衔接而进行的服务，如原材料从仓库转移至裁剪车间，裁片从裁剪车间运至缝纫车间，服装半成品交至整烫部门以及服装产品的入库等。这种搬运和装卸的产品数量较少，较分散，可以通过人工手推车或货运电梯等完成。

产品的出货搬运和装卸是指服装产品的出厂，以及送至订货商指定地点的过程。这一过程的产品为服装成品，产品种类较单一，运输距离较远。

在整个运输过程中，要时刻保证产品的完整与品质，从而不影响服装产品的销售。其注意事项主要包括以下几个方面：

（1）清洁、完整。无论是裁片、半成品还是成品，在运输过程中都必须保持清洁，避免物件落地、遭受污染。除此之外，还必须做到交接手续完备，物件数量核对无误，搬运过程中不出现丢失、遗漏。

（2）防潮、防破损。服装产品在装箱运输过程中，应采取防潮措施，避免因淋雨导致产品受潮的现象发生。在搬运和装卸过程中还应按照包装箱上的警示图标进行操作，不得随意倒置、抛掷、压、勾、拽箱体，防止箱内产品散乱及因箱体破损而造成产品遗漏、丢失等现象。

（3）防丢失。产品在装箱移至运输工具之后，应清点数量，并采取适当的固定方式保持箱体的稳定，避免在运输过程中因颠簸等原因出现的箱体外抛等问题。最常见的固紧材料主要有扎捆和网罩两种。

由于服装的流行性和季节性特点，企业必须要做到"库存管理优化、信息反馈高效、市场反应灵敏"，才能在日趋激烈的市场竞争中立稳脚跟。因此，建立"小批量、多批次、多品种、快出货"的服装业现代化经营管理模式，进一步缩短企业对于市场变化的响应时间，建立企业的快速反应体系已成为服装企业发展的必然趋势。

 思考与练习

了解不同类型成衣后期整理的方法。

参考文献

［1］刘凤霞，张恒. 服装工艺学［M］. 长春：吉林美术出版社，2009.

［2］张文斌. 服装工艺学（成衣工艺分册）［M］. 北京：中国纺织出版社，2006.

［3］闫学玲，王姝画，王式竹. 服装缝制工艺基础［M］. 北京：中国轻工业出版社，2009.

［4］侯东昱，王丽霞，任红霞. 成衣制作工艺［M］. 北京：中国纺织出版社，2016.

［5］陈东生，甘应进. 新编服装生产工艺学［M］. 北京：中国轻工业出版社，2005.

［6］陈继红，肖军. 服装面料及服饰［M］. 上海：东华大学出版社，2003.